宮沢賢治の元素図鑑

作品を彩る元素と鉱物

桜井 弘（さくらい ひろむ） 著
豊 遙秋（ぶんの みちあき） 写真協力

化学同人

❖ 写真クレジット（敬称略）❖

◎ Shutterstock.com

p.7/Triff, 15/yspbqh14, 16/Nastya22, 17/ntv, 18/Asya Babushkina, 19/MotionLight, 20/ Fokin Oleg, 21/ Hayk_Shalunts, 22/focal point, 29（上）/Kim Christensen, 43（右）/Wollertz, 53（右）/ Tuckwalker, 55（左）/Robert Kamalov, 56/mikeledray, 58/ggw, 65（右）/krsmanovic, 85（右）/Albert Russ, 93（右）/Bjoern Wylezich, 97（右）/Ziga Cetrtic, 98/Overdose Studio, 117（右上）/Peter Chow UK, 119/yspbqh14

◎ stock.adobe.com

p.3/kaziwax, 25/skyfotostock, 118/Popova Olga

◎ Wikimedia Commons

p.27（右），33（左），35（右），51（右），67，95（左），129

◎新居浜工業高等専門学校

p.45（上）

◎ iStock.com

p.69（上）/travelpixpro

写真協力　豊（ぶんの） 遙秋（みちあき）

はじめに

宮沢賢治は、小学生のころ石あつめに夢中で、まわりの人たちから「石っこ賢さん」とよばれるほどでした。

石はいくつかの元素が集まってできたものです。「石っこ賢さん」が成長するにつれて、石を構成している元素に関心をもつようになったことは、ごく自然のことでしょう。賢治は中学校、高等学校、そして研究科へと進み、大人になってからも石（鉱物）や元素など自然科学に関する知識をどんどん深めていき、たくさんの詩や童話を書きました。

私も小学校や中学校の授業で賢治の童話や詩を学びました。そして、図書館などでたくさんの作品を読み、不思議な感覚の世界に入っていったことをよく覚えています。私は、賢治を偉大な詩人であり、童話の作家であると思っていました。

大学に入り、化学の講義でたくさんの元素や周期表について詳しく教わると、妙に賢治の詩や童話が気になりました。そして、大学院で自分の研究に生かせるようにと、『元素周期表』を縦や横に繰り返しながめました。すると、再び賢治の作品が気になりだしたのです。そこで図書館へ行き、もう一度賢治の詩や童話を読みはじめ、元素やそれらを含む石や宝石の名前が散りばめられていることに気づきました。これまで気になっていたことは、元素や鉱物なんだと気がついて、自ら感動したものでした。実に多くの元素、鉱物、植物、動物、星と星座、物理や化学現象、地質学の言葉があり、驚きの連続でした。こうして、私は賢治の科学の世界へ引き込まれていきました。

賢治を詩人や童話作家としてとらえることは大切ですが、それにも増して、作品のなかには科学者としての賢治が潜んでいると考えることも重要なのではと考えるようになりました。いまでは、科学の観点から作品を読むと、賢治をもっと理解できるようになると思っています。

この本は、賢治が用いた元素を中心に作品を取りあげ、皆さんを、賢治と元素の世界にご案内するつもりで書きました。そして、元素に親しみをもっていただくために、賢治が幼いころから親しんだ代表的な石（鉱物）を元素ごとに紹介することとしました。賢治は、作品、手帳、手紙などに45種類の元素を使いました。しかし、現在の元素周期表で名前のつけられている元素は、118種類です。本書では、賢治が使わなかった残りの元素とそれを含む鉱物も紹介しています。

鉱物の写真撮影と解説文のチェックは、産業技術総合研究所地質標本館（つくば市）の館長を務められた豊遙秋先生にご尽力いただきました。鉱物標本の一部は京都大学総合博物館にご協力いただき、また白勢洋平博士には撮影などでお世話になりました。感謝申しあげます。本書の出版をおすすめくださり、文章を改善していただきました一宮一子氏には厚くお礼申しあげます。出版についてお世話になりました化学同人の栫井文子氏には深く感謝申しあげます。

本書を著すにあたっては、多数の宮沢賢治関連や鉱物関連の書籍を参考にさせていただきました。これらの著者には、心からお礼申しあげます。

わたくしは、これらのちいさなものがたりの幾きれかが
おしまひ、あなたのすきとほったほんたうのたべものになることを、
どんなにねがふかわかりません

『注文の多い料理店』序

賢治の願いのように、この本がみなさんの心のたべものになることを願ってやみません。

二〇一八年　春

桜井　弘

宮沢賢治の元素図鑑 ❖ 目次

4章 元素いろいろ——元素にまつわる豆知識 137

コラム◆元素発見の歴史と周期表

序章

宮沢賢治はどんな人？

――石っこ賢さんの横顔

皆さんは、宮沢賢治はどんな人ですか？とたずねられたら、どうこたえますか？『雨ニモマケズ』という詩や『銀河鉄道の夜』のような、すてきな童話を書いた詩人や童話作家とこたえるでしょうか？　あるいは、ちょっと賢治のことを知っている人なら、教師、肥料や稲作の指導者、法華経の信仰者、あるいは鉱物や地質の研究者などとこたえるかもしれません。これらはすべてまちがいなく賢治の姿をあらわしています。でも、賢治は自分をどう考えていたのでしょうか？　賢治に直接たずねてみるのが、一番正確なのではないでしょうか。

私は詩人としては自信がありませんけれども、一個のサイエンティストと認めていただきたいと思います。

この言葉は、賢治が花巻農学校の先生をしていた1925年の29歳ころに書かれたものです。賢治が前の年に自費出版した『春と修羅』という詩集を読んで感動した詩人の草野心平が、「銅羅」という同人誌に誘ったときの返事の手紙のなかに書かれていました。この言葉からみると、賢治は、自分は詩人であるけれどサイエンティスト（科学者）としてのほうがより自信があり、ここを認めてくださいといっているのです。心平の期待とは、ちょっとちがった返事をしています。世間でいわれている姿とは、ずいぶんちがっていますが、賢治が、このように自分をあらわしたのには、ちゃんとした理由がありました。

◀『春と修羅』

賢治は、盛岡高等農林学校（現在の岩手大学農学部）で学び、いまでいう大学院の研究科で地質や土壌学などを専門的に研究する道に進みました。高等学校のときに、こんな歌を書いています。

今日よりぞ　分析はじまる　瓦斯の火の　しづかに青くこゝろまぎれる

さあ今日から分析の実験がはじまるぞ！と新しいことをはじめるときに心が高まるうれしさを素直にあらわしています。

研究科を修了したあとしばらくして、稗貫(ひえぬき)農学校（のちの花巻農学校、現在の岩手県立花巻農業高等学校）の先生になりました。地質、肥料、化学や英語などを生徒に教えていた、いわゆる理系の人だったのです。農学校の先生をしているときに『イギリス海岸』を書きました。

> 誰かが、岩の中に埋(う)もれた小さな植物の根のまはり(わ)に、水酸化鉄の茶いろな環(わ)が、何重もめぐってゐ(い)るのを見附(つ)けました。それははじめからあちこち沢山(たくさん)あったのです。

水酸化鉄の茶いろな環とは、「高師小僧(たかしこぞう)」＊と名づけられている化石のような鉱物ですが、これを発見したよろこびを語っています。

農学校では化学実験、鉱物や元素などを教えていましたので、賢治の作品中にはさりげなく理系の言葉が使われています。

この理系出身の賢治が、どうして日本を代表する童話や詩を書く人に成長していったのでしょうか？　このことは、とても興味深いことです。賢治の生涯(しょうがい)をみてみますと、この様子がよく理解できます。賢治の生涯をたどりながら、賢治の姿を紹介しましょう。

宮沢賢治は、1896年に岩手県の花巻に、父政次郎と母イチの長男として生まれました。父の家業は質・古着商で、とても裕福(ゆうふく)な家でした。2歳(さい)のときに妹トシ、5歳のときに妹シゲ、8歳のときに弟清六、そして11歳のときに妹クニが生まれました。母からは〝ひとというものは、ひとのために何かをしてあげるために生まれてきたのス〟といわれて育ちました。7歳で川口尋常(じんじょう)高等

＊「高師小僧」は、『或(あ)る農学士の日記』にも取り上げられています。（左写真）

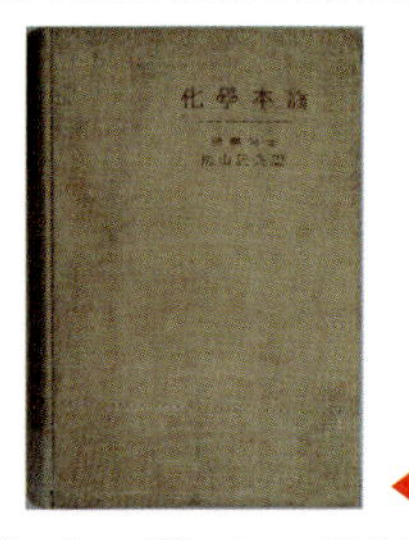

◀『化學本論』（大阪市立科学館蔵）

小学校に入り、石や植物、昆虫採集に熱中し、家族からは「石っこ賢さん」とよばれていました。
13歳で旧制盛岡中学校に入り、花巻を離れてはじめて寮生活をおくります。盛岡中学校では、国語学者・言語学者の金田一京助や歌人の石川啄木などがすでに学んでいました。盛岡でも、自然のなかに入り、鉱物採集を熱心に続けました。このころ賢治は、石川啄木の『一握の砂』を読んで感動し、短歌をつくることにあこがれます。また、宮沢家の宗教であった浄土真宗の『歎異抄』に感激して、宗教に関心を示していきました。さらに父からもらった『漢和対照妙法蓮華経』を読み、浄土真宗ではない法華経を自ら勉強します。父は賢治に家業を継がせようとして高等学校への進学を望みませんでしたが、賢治は家業を継ぐことをきらい、父と対立しました。中学校を卒業後、家に戻り店番をしながら心が沈んでいる賢治を見かねた父は、高等学校への進学を許します。賢治は、父の期待にこたえ猛勉強して一番の成績で盛岡高等農林学校へ入学しました。

高等学校では、地質・土壌学教室の関豊太郎教授の教えをうけ、最新の農学や化学を学びました。関教授は、日本土壌肥料学会の初代会長になった土壌学の第一人者です。賢治は生涯にわたる座右の書となった『化學本論』で勉強しました。高等学校では、たくさんの鉱物標本で鉱物を勉強し、自らもたくさんの鉱物を採集しました。このころ、友人たちと『アザリア』という同人雑誌を発刊して、短歌をつくったり散文を書いたりして青春を楽しんでいます。立派な卒業論文も書きました。関教授の勧めで、研究科に進み、地質調査や土壌・鉱物の分析などに取り組みましたが、家業や家の宗教（浄土真宗）のことで父と対立して、研究に身がはいらず、2年間で研究科を終えました。そして、法華経の団体の国柱会に入会します。研究科を終えて、店番をしていたある日、突然東京へ家出し、国柱会本部を訪ね奉仕活動を申しでました。しかし、書くことで法華経を広めなさいと諭されたそうです。これがきっかけとなり、賢治は詩や童話をたくさん書くようになりました。

そのころ、東京の日本女子大学で勉強していた妹のトシが病気になり賢治が東京で看病しますが、

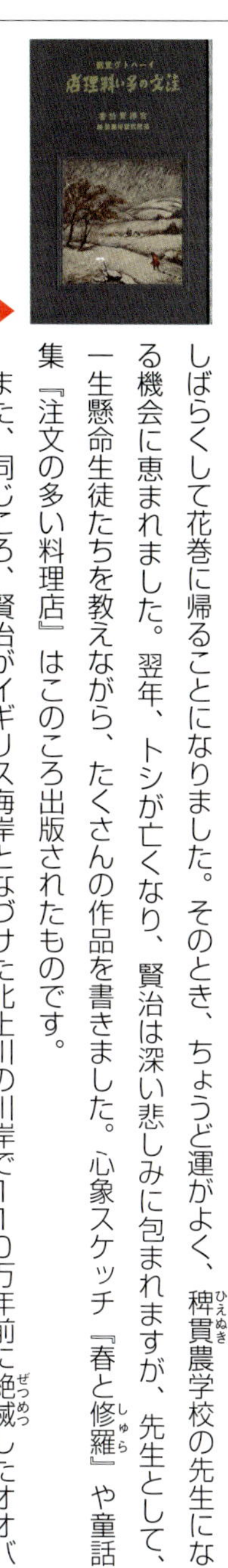
『注文の多い料理店』▶

しばらくして花巻に帰ることになりました。そのとき、ちょうど運がよく、稗貫農学校の先生になる機会に恵まれました。翌年、トシが亡くなり、賢治は深い悲しみに包まれますが、先生として、一生懸命生徒たちを教えながら、たくさんの作品を書きました。心象スケッチ『春と修羅』や童話集『注文の多い料理店』はこのころ出版されたものです。

また、同じころ、賢治がイギリス海岸となづけた北上川の川岸で１１０万年前に絶滅したオオバタクルミの貴重な化石を発見しました。それを東北帝国大学理科大学の早坂一郎博士に紹介したりしました。先に紹介した「私は詩人としては自信がありませんけれども、一個のサイエンティストと認めていただきたいと思います」という言葉も、ちょうどこの時期のものです。

賢治は学校で農業を教えつつも、自らは農業につくしていないことに悩み、ついに農学校を辞めてしまいます。自宅近くのトシが療養生活をおくっていた一軒家に移り、農業活動をすることを決意して、ひとりで「羅須地人協会」をつくりました。

農村の人々に肥料や稲作の相談や指導をしますが、過労のために病気になり、協会活動を休止しました。根っからの石好きのためでしょうか、病気が治ると採石工場から頼まれ、技師として、技術指導や肥料の販売などをして一生懸命に働きはじめます。しかし、再び東京で発病したため、家に戻されて療養しますが、ついに１９３３年に37歳で肺炎のために亡くなりました。

賢治は、石や植物とたわむれながら、農学や化学を通して自然を学び、短歌にあこがれ、信仰の心を大切にして素晴らしい詩や童話を書き、思いやり深い先生として生徒に向かいました。賢治の姿を一言でいいあらわすことができないのはこのためです。まるで万華鏡のような人だったのではないでしょうか？

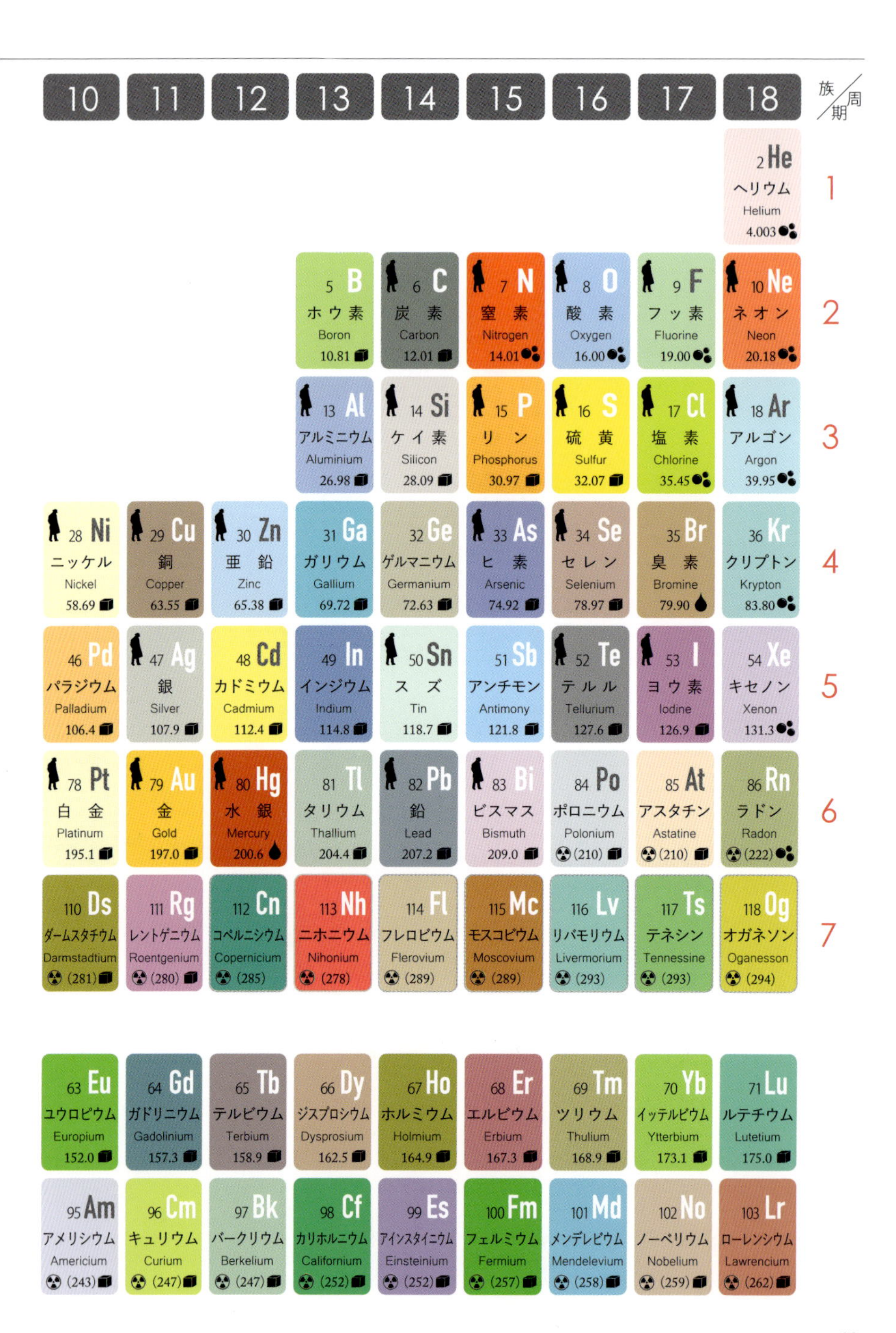

10
11
12
13
14
15
16
17
18
族
周期
1
2
3
4
5
6
7
2 He ヘリウム Helium 4.003
5 B ホウ素 Boron 10.81
6 C 炭素 Carbon 12.01
7 N 窒素 Nitrogen 14.01
8 O 酸素 Oxygen 16.00
9 F フッ素 Fluorine 19.00
10 Ne ネオン Neon 20.18
13 Al アルミニウム Aluminium 26.98
14 Si ケイ素 Silicon 28.09
15 P リン Phosphorus 30.97
16 S 硫黄 Sulfur 32.07
17 Cl 塩素 Chlorine 35.45
18 Ar アルゴン Argon 39.95
28 Ni ニッケル Nickel 58.69
29 Cu 銅 Copper 63.55
30 Zn 亜鉛 Zinc 65.38
31 Ga ガリウム Gallium 69.72
32 Ge ゲルマニウム Germanium 72.63
33 As ヒ素 Arsenic 74.92
34 Se セレン Selenium 78.97
35 Br 臭素 Bromine 79.90
36 Kr クリプトン Krypton 83.80
46 Pd パラジウム Palladium 106.4
47 Ag 銀 Silver 107.9
48 Cd カドミウム Cadmium 112.4
49 In インジウム Indium 114.8
50 Sn スズ Tin 118.7
51 Sb アンチモン Antimony 121.8
52 Te テルル Tellurium 127.6
53 I ヨウ素 Iodine 126.9
54 Xe キセノン Xenon 131.3
78 Pt 白金 Platinum 195.1
79 Au 金 Gold 197.0
80 Hg 水銀 Mercury 200.6
81 Tl タリウム Thallium 204.4
82 Pb 鉛 Lead 207.2
83 Bi ビスマス Bismuth 209.0
84 Po ポロニウム Polonium (210)
85 At アスタチン Astatine (210)
86 Rn ラドン Radon (222)
110 Ds ダームスタチウム Darmstadtium (281)
111 Rg レントゲニウム Roentgenium (280)
112 Cn コペルニシウム Copernicium (285)
113 Nh ニホニウム Nihonium (278)
114 Fl フレロビウム Flerovium (289)
115 Mc モスコビウム Moscovium (289)
116 Lv リバモリウム Livermorium (293)
117 Ts テネシン Tennessine (293)
118 Og オガネソン Oganesson (294)
63 Eu ユウロピウム Europium 152.0
64 Gd ガドリニウム Gadolinium 157.3
65 Tb テルビウム Terbium 158.9
66 Dy ジスプロシウム Dysprosium 162.5
67 Ho ホルミウム Holmium 164.9
68 Er エルビウム Erbium 167.3
69 Tm ツリウム Thulium 168.9
70 Yb イッテルビウム Ytterbium 173.1
71 Lu ルテチウム Lutetium 175.0
95 Am アメリシウム Americium (243)
96 Cm キュリウム Curium (247)
97 Bk バークリウム Berkelium (247)
98 Cf カリホルニウム Californium (252)
99 Es アインスタイニウム Einsteinium (252)
100 Fm フェルミウム Fermium (257)
101 Md メンデレビウム Mendelevium (258)
102 No ノーベリウム Nobelium (259)
103 Lr ローレンシウム Lawrencium (262)

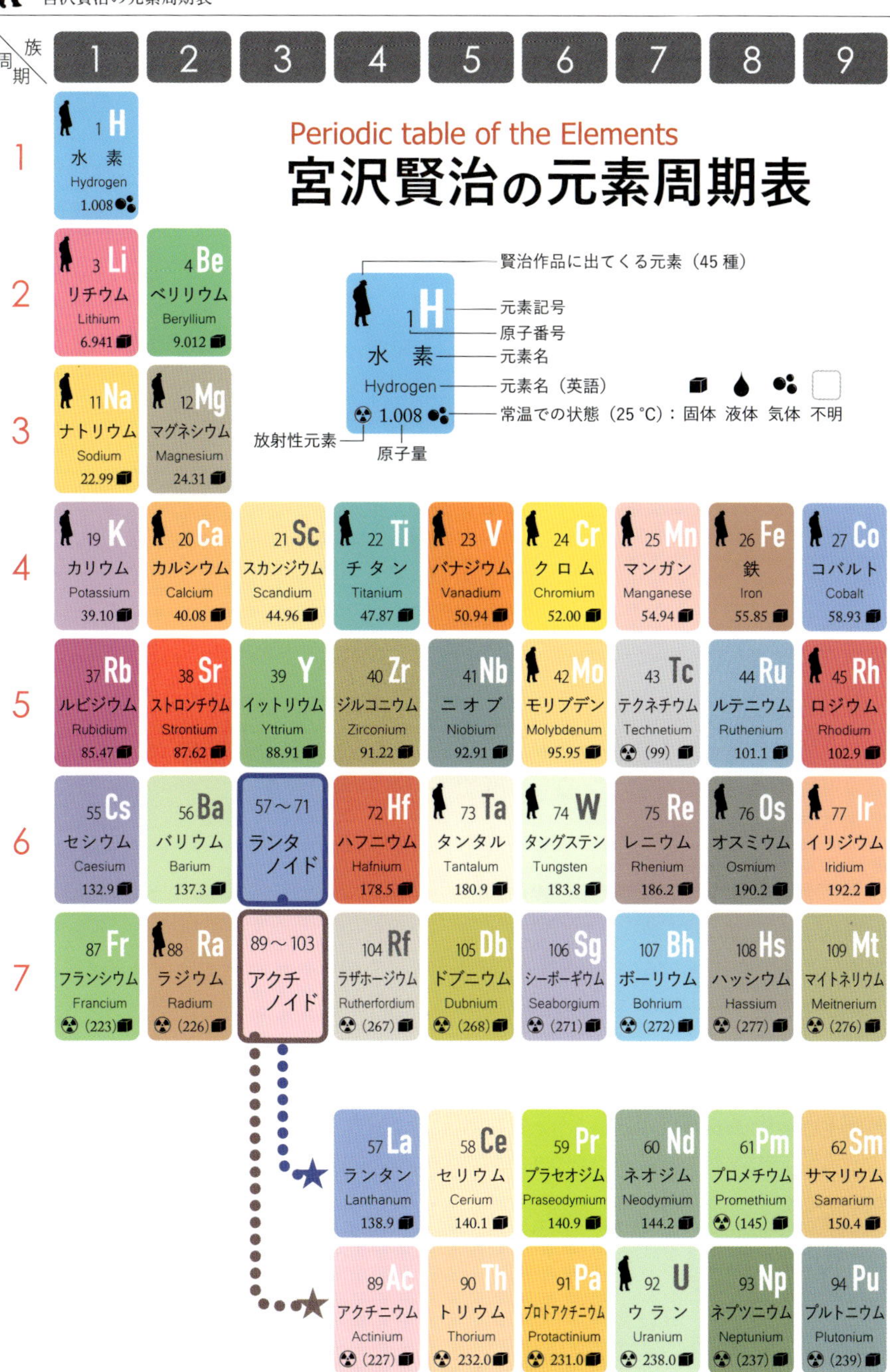

Periodic table of the Elements
宮沢賢治の元素周期表
族
周期
1
2
3
4
5
6
7
8
9
賢治作品に出てくる元素（45 種）
元素記号
原子番号
元素名
元素名（英語）
常温での状態（25 °C）：固体 液体 気体 不明
放射性元素
原子量
1 H 水 素 Hydrogen 1.008
3 Li リチウム Lithium 6.941
4 Be ベリリウム Beryllium 9.012
11 Na ナトリウム Sodium 22.99
12 Mg マグネシウム Magnesium 24.31
19 K カリウム Potassium 39.10
20 Ca カルシウム Calcium 40.08
21 Sc スカンジウム Scandium 44.96
22 Ti チ タ ン Titanium 47.87
23 V バナジウム Vanadium 50.94
24 Cr ク ロ ム Chromium 52.00
25 Mn マンガン Manganese 54.94
26 Fe 鉄 Iron 55.85
27 Co コバルト Cobalt 58.93
37 Rb ルビジウム Rubidium 85.47
38 Sr ストロンチウム Strontium 87.62
39 Y イットリウム Yttrium 88.91
40 Zr ジルコニウム Zirconium 91.22
41 Nb ニ オ ブ Niobium 92.91
42 Mo モリブデン Molybdenum 95.95
43 Tc テクネチウム Technetium (99)
44 Ru ルテニウム Ruthenium 101.1
45 Rh ロジウム Rhodium 102.9
55 Cs セシウム Caesium 132.9
56 Ba バリウム Barium 137.3
57～71 ランタノイド
72 Hf ハフニウム Hafnium 178.5
73 Ta タンタル Tantalum 180.9
74 W タングステン Tungsten 183.8
75 Re レニウム Rhenium 186.2
76 Os オスミウム Osmium 190.2
77 Ir イリジウム Iridium 192.2
87 Fr フランシウム Francium (223)
88 Ra ラジウム Radium (226)
89～103 アクチノイド
104 Rf ラザホージウム Rutherfordium (267)
105 Db ドブニウム Dubnium (268)
106 Sg シーボーギウム Seaborgium (271)
107 Bh ボーリウム Bohrium (272)
108 Hs ハッシウム Hassium (277)
109 Mt マイトネリウム Meitnerium (276)
57 La ランタン Lanthanum 138.9
58 Ce セリウム Cerium 140.1
59 Pr プラセオジム Praseodymium 140.9
60 Nd ネオジム Neodymium 144.2
61 Pm プロメチウム Promethium (145)
62 Sm サマリウム Samarium 150.4
89 Ac アクチニウム Actinium (227)
90 Th トリウム Thorium 232.0
91 Pa プロトアクチニウム Protactinium 231.0
92 U ウ ラ ン Uranium 238.0
93 Np ネプツニウム Neptunium (237)
94 Pu プルトニウム Plutonium (239)

凡　例

❖ 賢治の文章について

宮沢賢治の文章については、原則として筑摩書房『新校本 宮澤賢治全集 全16巻別巻1』、『校本　宮澤賢治全集　全14巻』、およびちくま文庫『宮沢賢治全集1～10』に収載されているテキストを使用しました。ただし仮名づかいや漢字には適宜ルビを加えて、本書の読者の便を図りました。紙面の都合上、出典テキストにある改行や注釈については、割愛いたしました。

本書の使い方

この図鑑は、宮沢賢治が残した数多くの短歌や詩、童話、手紙、メモのなかから、科学者であった賢治の作品を「元素」の目でとらえ解説しています。そして、元素118のすべてがわかるようにしています。作品、周期表、元素、鉱物、元素発見の歴史、元素の利用法、みなさんが興味をもったところから入れるように、入口をたくさん用意しました。

周期表に賢治のシルエット

賢治の作品に出てくる45の元素。周期表の左上に賢治のシルエットをつけ加え、ひと目でわかるようにしました。

石ころから元素への道すじ

小学生のころ、まわりの人から「石っこ賢さん」とよばれた賢治。どんな学校で何を学んだのか、元素にひかれていった道すじをまとめました。

作品に出てくる45の元素と鉱物の説明

それぞれの作品を紹介し、元素というみかたで解説しています。同時に、元素の豆知識と元素を含む鉱物の写真を紹介しています。

元素誕生と発見の歴史を10のコラムに

ビッグバンにはじまった元素の誕生から、周期表の発見、人工元素の合成までの歴史を10のコラムにしました。

賢治とゴッホの共通点

意外な共通点で結ばれている2人。エピソードをコラムにまとめました。

鉱物の写真と含まれる元素の解説

鉱物の特徴や含まれる元素について説明しています。

さくいん

作品名、元素名、鉱物名から引けるようにしました。

1章 石っこ賢さんと元素の世界

——石から元素へ、そして元素周期表へ

瑪瑙

石に思いをのせて

宮沢賢治は、小学生のころから石集めが好きで、「石っこ賢さん」とよばれていました。夢中になった石集めが、賢治の生涯をつらぬく科学的原点となりました。中学1年生のときの歌です。

公園の円き岩べに蛭石をわれらひろへばぼんやりぬくし
鬼越の山の麓の谷川に瑪瑙のかけらひろひ来りぬ

蛭石とは、正式な日本語名は苦土蛭石とよばれ、マグネシウム、鉄、アルミニウム、ケイ素、酸素などを含む鉱物です。岩手城址の公園でしょうか。蛭石を拾ってみると少し手に温かさを感じて、心のぬくもりも歌っているようです。もう一首は、盛岡から北西の方向にある鬼越の谷川で瑪瑙のかけらを拾って帰ってきたよと、石集めのよろこびをすなおにあらわしています。瑪瑙はケイ素と酸素からできている石英の一種です。

鉱物から広がる世界

高等農林学校に進むと、賢治は学校で買ったばかりの多くのきらめく鉱物標本を見て、さわり、鉱物に関する科学的知識を深めるだけなく、想像やインスピレーションをふくらませていきます。

ぬれそぼちいとしく見ゆる草あれど越えんすべなきオーパルの空
あけがたの琥珀のそらは凍りしを大とかげらの雲はうかびて
うるはしく猫睛石はひかれどもひとのうれひはせんとすべもなし

博物館や鉱物店でも、たくさんの鉱物や宝石をながめたのでしょう、さまざまな鉱物が詩に取り入れられ、心のありようが歌われています。オーパルはオパールのことで、日本語では蛋白石とよばれ、ケイ素と酸素と水分子からできています。オパールにはさまざまな色をしているものがあり、ここでは淡い青色をした空をあらわすために使っています。琥珀は宝石のひとつで、針葉樹や広葉樹などの植物の樹脂が化石になったものです。朝焼けのまばらな透明な黄色や赤褐色を、琥珀色にたとえて歌っています。猫睛石は、猫目石のことで、英語ではクリソベリル・キャッツアイといわれる宝石の一種です。ベリリウム、アルミニウムと酸素からできています。猫睛石はきれいに輝いているけれど、自分の心の憂いはどうしようもない、と自分の心を石の輝きと比べて歌っています。

琥珀

鉱物で自然の美しさを物語る

賢治が25歳のころに書いた童話を見てみましょう。

その宝石の雨は、草に落ちてカチンカチンと鳴りました。それは鳴る筈だったのです。りんだうの花は刻まれた天河石と、打ち劈かれた天河石で組み上がり、その葉はなめらかな硅孔雀石でできていました。黄色な草穂はかゞやく猫睛石、いちめんのうめばちさうの花びらはかすかな虹を含む乳色の蛋白石、たうやくの葉は碧玉、そのつぼみは紫水晶の美しいさきを持ってゐました。そしてそれらの中でいちばん立派なのは小さな野ばらの木でした。野ばらの枝は茶色の琥珀や紫がかった霰石でみがきあげられ、その実はまっかなルビーでした。

『十力の金剛石』

多くの草花が鉱物や宝石で置き換えられて、輝くように描かれています。まるで植物図鑑と鉱物図鑑を同時に見ているようです。このように、賢治は多くの鉱物や岩石を作品に取り入れました。

東京への家出、妹トシの病気と死、そして農学校での先生として過ごしたあいだに『春と修羅』、『注文の多い料理店』、『銀河鉄道の夜』、『風の又三郎』など多数の詩や童話を嵐のように書きました。『楢ノ木大学士の野宿』、『十力の金剛石』や『気のいい火山弾』などには、多くの鉱物や宝石類がキラキラと顔を出します。

トルコ石▶

元素で自然や心の風景をあらわす

さて、皆さんは石や宝石や化石を並べているお店や学校で、鉱物標本をご覧になられたことはありませんか。そこには小さな紙（ラベル）になにやらが書かれていたでしょう。標本には、鉱物の名前、産地（鉱物が見つかった場所）、そしてその鉱物の化学組成が書かれています。化学組成とは、それぞれの鉱物に含まれている元素や元素のグループのことで、すべて元素記号で書かれています。たとえば、きれいな黄色の硫黄の化学組成は「S」、石英は「SiO_2」と、目の覚めるような美しい空色のトルコ石はちょっと複雑で「$CuAl_6(PO_4)_4(OH)_8 \cdot 4H_2O$」と、またきれいな深緑色をしている緑柱石は「$Be_3Al_2Si_6O_{18}$」と書かれています。

盛岡高等農林学校で、関教授から化学を習いながら、いろいろな鉱物をながめていた賢治なら、鉱物の組成にはたいへんな興味をもったことでしょう。高等農林学校では、元素記号で示される元素は、日本語と英語で教えられたと思います。賢治の座右の書といわれる片山正夫の『化學本論』（1915年、第1版）で、化学をかなり詳しく勉強しました。この本の46頁には、1869年にロシアのメンデレーエフがはじめて提案した元素の周期表が改良された形で掲載され、72種類の元素が短周期型の「週期系の表」として書かれています。高等農林学校のときにつくられた元素名が

コバルト青▶

入った短歌です。

> あをあをと　なやめる室にたゞひとり　加里のほのほの白み燃えたる
>
> コバルトのなやみよどめる　その底に　加里の火　ひとつ　白み燃えたる
>
> 日下りの　化学の室の十二人　イレキを帯びし白金の雲

　カリウムの炎色反応をしたときに見られる赤紫色のまばゆい光で悩みと将来への希望をあらわし、+2価コバルトの青色で青春の悩みを表現し、青空に白金のように輝く雲を望みながら明るい実験室の風景を描いています。高等農林学校で新しく学んださまざまな元素やイオンの特性で感情を歌う、素晴らしい創作法を発見しました。賢治は、元素の名前やそれらを発音するときのリズム感を大切にしながら、元素の名前や特徴で自然や風景や自らの感情をあらわしました。賢治にとって、元素は、自然や心象をあらわすのにもっともふさわしい言葉だったのでしょう。

もうひとつの化學本論

　賢治は、1918年22歳で盛岡高等農林学校の研究科に進みましたが、肋膜炎（結核）にかかり静養しながら家業を手伝っていました。そのころ親友の保坂嘉内に宛てた手紙に、次の決意が見られます。

> 今年中に読まうと思ってゐる本は　日下部氏、物理汎論上下・化学量論、周期率等の著述・解析幾何、無機化学（非金属元素）・独英対照の何か？

◀鉄さびの赤

ここで周期率と書かれているのは（元素の）周期律のことと思われます。賢治は、周期表をきちんと学ぼうとしていたようでした。

前にも述べましたように、賢治は1910年に出版された石川啄木の『一握の砂』に感動し、中学生のときに短歌をつくりはじめます。そのなかで、銀や金、水銀、鉄、鉛、スズ、酸素などの元素を使っていますが、これらは盛岡高等農林学校で『化學本論』を手にする前のことでした。なぜ賢治は中学生時代にいくつかの元素とその性質を知り、短歌に取り入れていたのでしょうか？

いろいろと調べるうちに、もうひとつの化學本論があることがわかりました。賢治が中学校に入学した1909年に、近藤清次郎による『中等化學本論講義』が出版されていたのです。この本の巻頭には「原子量表」と「元素表」が掲載されていて、80種類の元素名が日本語、ラテン語、英語とドイツ語で書かれています。そして、第10章には「元素週期律」が設けられています。さらに驚くことに、本の最後には「元素週期系」が長周期型でのっています。本文中には「週期系表は、マイエル等の原表に基づき爾来多少の修正を経たものである。殊に表の右欄縦列なるHe乃至Xの5元素は近年の発見に係わり、近頃新たに表に組み入れられたものである」と新しい発見（現在の貴ガス元素）も周期表に取り入れられています。1915年出版の『化學本論』よりもはるかに進んだ知識が紹介されています。賢治は、この本を使って授業をしていた盛岡中学校の先生から化学を学んでいたのではないでしょうか。次の五首は、中学生のときにつくった短歌です。

鉛など溶かして含む月光の重きに浸る墓山の木々

検温器の青びかりの水銀はてもなくのぼり行くとき目をつむれりわれ

鉄のさび赤く落ちたる砂利にたちてせはしく青き旗を振るひと

鉄の澱紅くよどみて水もひかり五時ちかければやめて帰らん

コロナ

あまの邪鬼　金のめだまのやるせなく　青きりんごを　みつめたるらし

ここでは、鉛、水銀、鉄、金が使われています。とくに2番目の歌では〝青びかりの水銀〟という表現が使われ、水銀のもつ物理化学的性質と病気で発熱して水銀体温計で熱を測っているときの不安感を見事にあらわしています。

そして、農学校の先生をしているときに書かれた短編『イーハトーボ農学校の春』では、リチウム、ラジウム、水銀、リンが使われます。

（コロナは六十三万二百　あゝきれいだ、まるでまっ赤な花火のやうだよ。）

それはリシウムの紅焔でせう。ほんとうに光炎菩薩太陽マヂックの歌はそらにも地面にもちからいっぱい、日光の小さな小さな菫や橙や赤の波といっしょに一生けん命に鳴っています。（中略）そこらいっぱいこんなにひどく明るくて、ラヂウムよりももっとはげしく、そしてやさしい光の波が一生けん命ふるえてゐるのに、いったいどんなものがきたなくてどんなものがわるいのでせうか。（中略）わたくしたちが柄杓で肥を麦にかければ、水はどうしてそんなにまだ力も入れないうちに水銀のやうに青く光り、たまになって麦の上に飛びだすのでせう、また砂土がどうしてあんなにのどの乾いた子どもの水を呑むやうに肥を吸ひ込むのでせう。（中略）楊の木でも樺の木でも、燐光の樹液がいっぱい脈をうっています。

太陽コロナの光をリチウムの炎色反応で、満ちあふれる太陽の光をラジウムで、光をうけて青く輝く麦を水銀で、そして噴きだす樹液の輝きをりん光であらわしています。

1等賞は白金メダル

次に、愉快に元素を登場させている作品を紹介しましょう。

画かきが顔をしかめて手をせわしく振って云いました。「またはじまった。まあぼくがいゝようにするから歌をはじめよう。だんだん星も出てきた。いいか、ぼくがうたふよ。賞品のうただよ。一とうしやうは　白金メダル　二とうしやうは　きんいろメダル　三とうしやうは　するぎんメダル　四とうしやうはニッケルメダル　五とうしやうは　とたんのメダル　六とうしやうは　にせがねメダル　七とうしやうは　なまりのメダル　八とうしやうは　ぶりきのメダル　九とうしやうは　マッチのメダル　十とうしやうから百とうしやうまで　あるやらないやらわからぬメダル。」柏の木大王が機嫌を直してわははははと笑いました。

『注文の多い料理店』「かしはばやしの夜」

メダル

オリンピックでは1、2、3位はそれぞれ金、銀、銅メダルが与えられることを賢治は知っていたでしょうが、ここではユーモラスに賞品のメダルが決められます。元素は、賢治の心の風景をあらわすには、欠くことのできない道具のひとつでした。

こうして賢治は、歌、詩、童話、短編小説あるいは手帳や手紙などに、45種類もの元素の名前を使って、あらゆる事柄を表現しました。もっとも多く使った元素は銀で、金、鉄、銅、鉛、白金、リン、水銀、スズと続いています。こんなにたくさんの元素を使い、作品を書いた人は世界でも賢治以外にはいないのではないでしょうか？

手製の元素周期表

さて、賢治は元素の周期表をどのように使っていたのでしょうか？　興味深いエピソードを紹介しましょう。花巻農学校で先生をしていたころ（1921～26年）の生徒のひとり、浅沼政親は「宮澤先生の心使い」という文章のなかで、「先生は多忙の中から、元素の表をつくつて、たてよこをあわせると化学物質が何であるということがわかる重寶なものを与えてくれましたが、あの表が今あつたらと思い出されます。…」と語っています。賢治は、生徒のために元素周期表を自らつくり、授業で使っていたようです。はたしてどんな周期表だったのでしょうか？

元素や電子が存在する真空から異次元へ

最後に、賢治の元素を中心とした世界の見方を紹介しましょう。賢治は『思索メモ』〝科学より信仰への小なる橋梁〟（1927～1932年？）という図を残しています。

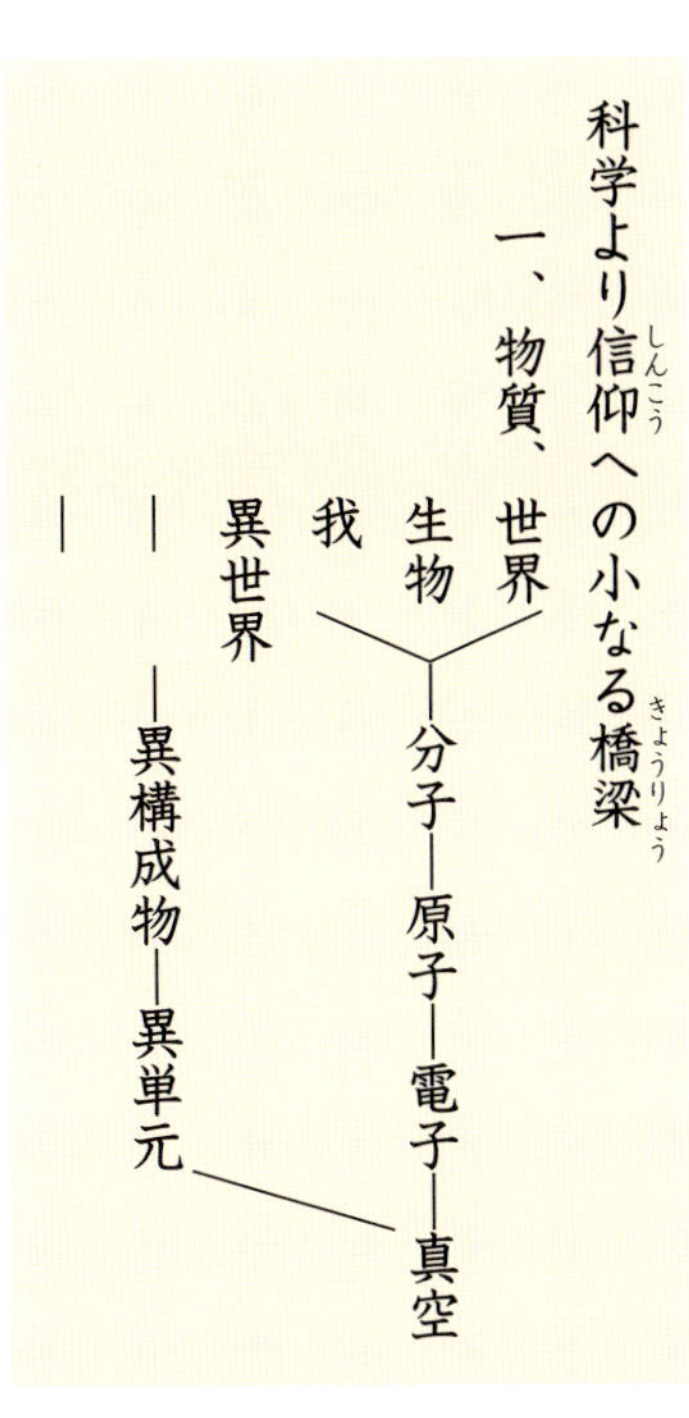

賢治は、物質世界、生物、我（人）はすべて分子―原子―電

子からできていて、きちんとした構造をとっていると考え、元素や電子が存在する真空と異次元的な異空間がつながると想像しています。さらに、ここでは述べませんでしたが、アインシュタインの相対論や四次元空間の世界を学び、真空を通して異次元的な信仰の世界へとつながっていく望みをもっていたように思われます。このような考え方が、『銀河鉄道の夜』や『春と修羅』などの傑作につながっているように理解できそうです。

2章

宮沢賢治の元素図鑑

——元素と賢治の作品

宮沢賢治が作品中に用いた元素を原子番号の小さい順から取りあげて、作品とその元素を含(ふく)む鉱物について解説します。

水素

元素記号 H
原子番号 1
Hydrogen

1族

こんなやみよののはらのなかをゆくときは
客車のまどはみんな水族館の窓になる
（乾いたでんしんばしらの列が
せはしく遷つてゐるらしい
きしやは銀河系の玲瓏レンズ
巨きな水素のりんごのなかをかけてゐる）
りんごのなかをはしつてゐる

『春と修羅』「オホーツク挽歌」　青森挽歌

この詩は、キップの装置で水素を発生させる実験をする様子をうたっています。この器具は丸いガラス球を三つ重ねたような形をしています。真ん中の球に亜鉛や銅のかたまりを入れ、一番上の球から塩酸を注ぎます。下の球に落ちた塩酸が真ん中に入れた亜鉛や銅と反応すると、水素の白い泡のかたまりがモクモクとできて、まるで水素でできたリンゴのように見えます。液体が入った一番下の丸いガラスは、研究室の灯りを映し、透き通った（玲瓏）レンズのように輝き、まるで水族館にいるように思えます。賢治はまた、このの様子を烏にもたとえ、「烏がもいちど飛びあがる稀硫酸のなかの亜鉛屑は烏のむれ*」とうたっています。

原子量 1.01　非金属

元素の豆知識

水素は宇宙でもっとも多く、もっとも軽い元素です。およそ130億年前に「ビッグバン」とよばれる大爆発が起こり、宇宙が誕生しました。しばらくして最初に生まれたのが、水素原子です。そのあと、水素や水素の同位体どうしがひとつになる核融合反応によって、ヘリウムや炭素などがつぎつぎに生まれました。118個ある元素のなかで、中性子をもたない元素は水素だけです。水素の天然の同位体には、1個の中性子をもつ重水素、2個の中性子をもつ三重水素があります。

水素はイギリスのボイルが1671年にその存在に気づき、イギリスのキャヴェンディッシュが1766年に発見しました。1783年にフランスのラボアジェによって、ギリシャ語の「水」と「つくる」を組み合わせて水素と名づけられました。

＊『春と修羅』の「東岩手火山」の「マサニエロ」より。

おまへは化学をならったらう。水は酸素と水素からできてゐるといふことを知ってゐる。いまはたれだってそれを疑やしない。実験して見るとほんたうにさうなんだから。けれども昔はそれを水銀と塩でできてゐると云ったり、水銀と硫黄でできてゐると云ったりいろいろ議論したのだ。

『銀河鉄道の夜』第三次稿　ジョバンニの切符

ジョバンニはカンパネルラと一緒に「銀河鉄道」に乗っていましたが、突然カンパネルラが消えてしまいました。心細くなったジョバンニが泣いていると、チェロのような声の大人があらわれ、ジョバンニをなぐさめようと話しかける場面が描かれています。

水が酸素と水素からできていることを発見したのは、イギリスの科学者ニコルスンとカーライルです。1800年に、ボルタの電池を使って、水に電気を通すと、酸素と水素が発生することを発見しました。それまでは、化学者たちのあいだでいろいろな意見があったのです。賢治も学んだように、いまも、中学校の理科の時間には、水を電気で分解して、水素と酸素の発生を確かめます。

水　素

●イドリア石（Idrialite）　硬度 1.5　比重 1.23

水素と炭素だけでできている鉱物で有機鉱物という。暗やみで短波長紫外線を当てると、青緑色に光る（蛍光）。赤い部分は辰砂（硫化水銀）。[スロヴェニア、イドリア水銀鉱山]。

▲キップの装置

リチウム

元素記号 **Li**
原子番号 **3**

Lithium

1族

> 川の向こふ岸が俄かに赤くなりました。楊の木や何もかもまっ黒にすかし出され見えない天の川の波もときどきちらちら針のやうに赤く光りました。まったく向ふ岸の野原に大きなまっ赤な火が燃されその黒いけむりは高く桔梗いろのつめたさうな天をも焦がしさうでした。ルビーよりも赤くすきとおりリチウムよりもうつくしく酔ったやうになってその火は燃えてゐるのでした。
> 「あれは何の火だろう。あんなに赤く光る火は何を燃やせばできるんだろう。」ジョバンニが云ひました。
> 「蠍の火だな。」カムパネルラが又地図と首っ引きして答へました。
>
> 『銀河鉄道の夜』九　ジョバンニの切符

『銀河鉄道の夜』（第四次稿）、この話のもっとも重要な最後の部分です。「銀河鉄道」に乗ったジョバンニとカンパネルラがならんで、汽車の窓から景色をながめています。川の向う岸が急に赤くなるのが見えてきます。なんの火が燃えているのかわかりませんが、その赤い色は見たこともないような美しさでした。

賢治はリチウムを炎のなかに入れ高温で熱したときに出る色

原子量 6.94　アルカリ金属

元素の豆知識

スウェーデンのアルフェドソンは1817年にペタル石（葉長石）から新元素を発見しました。はじめて鉱物から発見した元素であったため、ギリシャ語の石*lithos*（リトス）にちなんでリチウムと名づけられました。炎色反応では、鮮やかな深くて紅い色をあらわすため、花火の材料に使われています。

リチウムは金属元素のなかでもっとも軽く、エネルギーをたくわえる力が強いので、携帯電話や、ノートパソコンにリチウムイオン電池として使われています。また、炭酸リチウムとして双極性障害（躁うつ病）の薬に使われています。

リチウムは海水にも含まれ、乾燥地帯にある塩湖では、水分が蒸発するためリチウムが濃縮されています。このようなリチウムの産地として、ボリビアのウユニ塩原やチリのアタカマ塩原が有名です。

（炎色反応）やルビーの色よりももっと美しい酔ったような赤い色彩を、蠍の火の色とあらわしています。この蠍は動物のさそりではなく、夜空に見える星座のさそり座をさしています。夏の夜、南の空の低いところに見える星座で、まっ赤な一等星アンタレスを中心に十数個の明るい星がS字形の曲線を描いています。

アンタレスの名前はギリシャ語が元になっていて「火星に対抗する者」の意味をもっています。日本では赤星ともいいます。地球から約420光年の距離にある星です。

賢治は、炎色反応が好きなようです。物質を炎のなかに入れて熱すると、含まれる元素によって特定の色がでるため、どの元素が含まれているかを調べるときに使われる反応が炎色反応です。『学者アラムハラドの見た着物』という童話では、「硫黄を燃せばちょっと眼のくるっとするような紫いろの焔をあげる。それから銅を灼くときは孔雀石のような明るい青い火をつくる。」のように、硫黄と銅を炎に入れたときに出る色をいきいきと描いています。

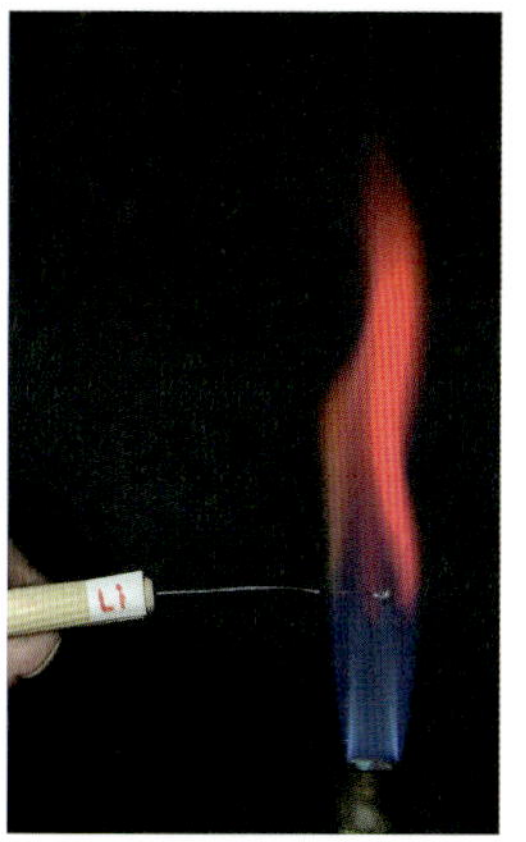

▲リチウムの炎色反応

リチウム

● リチア輝石（Spodumene）

硬度 6.5-7　比重 3.18

リチウムとアルミニウムを含む単斜輝石。ガラス光沢で淡紫色、ピンク色で透明なものはKunzite（クンツァイト）とよばれる宝石。［ジンバブエ、ビキタ］

● リチア雲母（鱗雲母）（Lepidolite）

硬度 2.5-3.0　比重 2.8-2.9

美しいピンク色をしているため紅雲母、魚の鱗のような形から鱗雲母ともよばれる。トリリチオナイト-ポリリチオナイト雲母の系列名として用いられている。肉眼的区別はむずかしい。雲母は、紙のようにうすくはがれるのが特徴。［茨城県妙見山］

炭素

元素記号 C
原子番号 6
Carbon
14族

ひとりのむすめがきれいにわらつて起きあがる
みんなはあかるい雨の中ですうすうねむる
　（うな　いいをなごだもな）
にはかにそんなに大声にどなり
まつ赤になつて石臼のやうに笑ふのは
このひとは案外にわかいのだ
すきとほつて火が燃えてゐる
青い炭素のけむりも立つ
わたくしもすこしあたりたい
　（おらも中つでもいがべが）
　（いてす　さあおあだりやんせ）
　（汽車三時すか）
　（三時四十分
　まだ一時にもならないも）
火は雨でかへつて燃へる

『春と修羅』小岩井農場　パート七

賢治は自分の詩を、心に浮かんだ風景を描きとめた心象スケッチとよんでいます。この『春と修羅』の「小岩井農場」では、「わた

原子量 12.01　非金属

炭素は、重量で比べたときに、宇宙では水素、ヘリウム、酸素の次に多い元素です。木を蒸し焼きにしてできる木炭や天然の鉱物ではもっとも硬い宝石のダイヤモンドは、古代ギリシャや古代中国などで人間が文字をもつ前から知られていました。フランスのトモルボーが、ラテン語の木炭 *carbo* にちなんでカルボーヌ carbone とよんだことが元素名のもとになったといわれています。

同じ元素でできていて性質がちがうものは同素体とよばれ、炭素の同素体は石墨（黒鉛）、ダイヤモンド、ロンズデール石、フラーレン（C_{60}）やカーボンナノチューブなど、数多くあります。

アミノ酸やタンパク質、糖質、脂質、核酸、ATPなど、私たちの身体をつくったり、工業製品や薬など数えきれないものをつくったりするために、もっとも重要な元素です。

くし」が汽車を降りたところから小岩井農場を歩きながら感じたことや幻想を描いています。パート7では、すきとおったトパース（黄玉）色の雨のなか、農夫に汽車の時間を聞きにいきます。女の子が2人あらわれます。雨のなか、農夫と肥料の話などしながら、たかれている火の周りで燃えている炭素が青くけむったように見える様子を美しく表現しています。

鶏は実際食物中の王と呼ばれる通りです。今鶏の肉の成分の分析表をあげませう。みなさん帳面へ書いて下さい。蛋白質は十八ポイント五パアセント、脂肪は九ポイントトニパーセント、含水炭素は一ポイントトニパーセントもあるのです。鶏の肉はただこのやうに滋養に富むばかりでなく消化もたいへんい丶のです。

「茨海小学校」

農学校の教師の「私」が、火山弾とハマナスを探しに出かけたとき、偶然にキツネの小学校に入り込み授業を参観するという話です。第3学年の「食品化学」の授業のひとコマで、鶏の肉の栄養素について話されています。含水炭素とは、炭素と水が化合してできたものので、いまでいう炭水化物のことです。

炭　素

●ダイヤモンド（Diamond）硬度 10　比重 3.5
炭素が正四面体でつながって重なる元素鉱物。金剛石ともいう。天然の鉱物でもっとも硬く、形を整えみがかれた石は宝石。キンバレー岩のなかに八面体の結晶で見つかる。六面体、十二面体の結晶にもなる。［アフリカ、キンバレー］

●石墨（Graphite）硬度 1-2　比重 2.1-2.3
英語名はグラファイト。黒くて不透明な単体の炭素。各炭素原子が3個の炭素原子でかこまれた層をつくり、鱗片状になる。鉛筆の芯の材料。電気を通す。［富山県千野谷鉱山］

窒素

元素記号 N

原子番号 7

Nitrogen

15族

みんなは二千年ぐらゐ前には
春ぞらいっぱいの無色な孔雀が居たとおもひ
新進の大学士たちは気圏のいちばんの上層
きらびやかな氷窒素のあたりから
すてきな化石を発掘したり
あるいは白亜紀砂岩の層面に
透明な人類の巨大な足跡を
発見するかもしれません

『春と修羅』序　大正十三（一九二四）年一月廿日

『春と修羅』は、賢治が生きているあいだに出版した唯一の詩集です。賢治は、盛岡高等農林学校の農学科に入学して、リービッヒが1841年に発表した肥料の三要素、窒素・リン・カリウムについて勉強しました。この詩では、氷窒素という新しい言葉をつくっています。ものを冷やすときによく使う液体窒素が固体窒素（氷窒素）になる温度（融点）は、63.15K、マイナス210.00℃です。賢治は固体窒素をつくったことはないと思われますが、融点の値は知っていたでしょう。同じ1924年に、ノルウェーのヴェガードは、オーロラ・グリーンの一部は氷窒素によるものと発表し

原子量 14.01　非金属

元素の豆知識

大気の約80パーセントは、無色透明無臭の気体の窒素です。1772年スコットランドのラザフォードは、空気中で炭素化合物を燃やしたあと炭酸ガスを除いても「有毒気体」が残ることを発見しました。ギリシャ語の「硝石（*nitre*）から生まれるもの（*genes*）」に由来して窒素Nitrogen（ナイトロジェン）と名づけられました。日本語は、窒息する、息ができなくなるものという意味です。

窒素はアミノ酸、タンパク質、DNA、RNAなど生命のもとになる物質をつくります。マイナス196℃で気体から液体窒素となり、冷却剤に使われています。

窒素を含むニトログリセリンはノーベルが発明した爆薬ですが、少量をのむと体内で一酸化窒素（NO）を出して血管を広げるため、狭心症の薬として利用されています。ノーベルもニトログリセリンをのんでいました。

ていますが。賢治が創造した言葉が、そのとおり実際に存在していたのは、なんとも不思議ですね。

あすこの田はねえ
あの品種では少し窒素が多過ぎるから
もうきっぱりと水を切ってね
三番除草はやめるんだ
……車をおしながら
遠くからわたくしを見て
走って汗をふいてゐる……
それからもしもこの天候が
これから五日続いたら、
あの枝垂れ葉をねえ、
斯ういふふうな枝垂れ葉をねえ
むしってとってしまふんだ

『詩ノート』一〇八二　あすこの田はねえ

賢治が花巻農学校を辞めて、羅須地人協会をつくり、自ら農業をしながら農民たちに肥料相談所を開いたときの情景を詩にしています。窒素肥料と水と天候のことを細かく指導しています。

窒　素

▲冥王星のスプートニク平原の固体窒素

●硝石（Niter）　硬度 2　比重 2.1

天然の硝石は、中国の内陸部、南ヨーロッパ、西アジアなどの乾燥したところで産出。土のなかの有機物や動物の尿に含まれる尿素が、亜硝酸菌や硝酸菌などの細菌に分解されてできる。鉄砲用黒色火薬のほか、肥料、染料の原料。

酸素

元素記号 O

原子番号 8

Oxygen

16族

落葉松の方陣に
せいせい水を吸ひあげて
ピネンも噴きリモネンも吐き酸素もふく
ところが栗の木立の方は
まづ一とほり酸素と水の蒸気を噴いて
あとはたくさん青いラムプに吊すだけ

『春と修羅　第二集』　三〇四　落葉松の方陣は　一九二四、九、一七、

落葉松はカラマツのことで、賢治が好きな木のひとつでした。賢治がよく行った岩手山麓には、防風林としてのカラマツ林がたくさんありました。落葉松の葉や枝にはかすかな香りがあります。香りの成分は松脂のにおいのα-ピネン、β-ピネン、レモンの香りのリモネンなどが知られています。落葉松の葉っぱからは、光合成によって酸素も放出されます。栗は酸素と水蒸気を噴いたあと静まりかえり、栗の毬がまるで青いランプのように見える様子をうたっているのでしょうか？　賢治は、科学と詩を融合させて美しくうたっています。

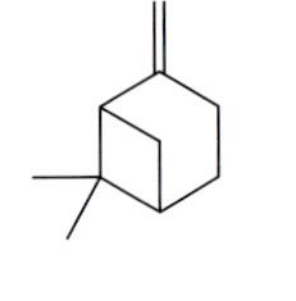

α-ピネン　β-ピネン　リモネン

原子量 15.999　非金属

酸素は地上の動植物が生きていくために欠かせません。身体のなかでは、食べものからエネルギーをつくるために利用されます。

1771年にスウェーデンのシェーレが、1774年にイギリスのプリーストリーがそれぞれ独立に酸素ガスの分離に成功しました。元素名は、ギリシャ語の「酸（oxys）をつくるもの（*genes*）」がもとになっています。

酸素にはあらゆる物質を酸化する、あるいは燃焼させる力があります。酸素は宇宙では、水素やヘリウムの次に多い元素で、酸素分子O_2として大気の約20パーセントを占めています。

オゾンO_3は同素体です。太陽の光により酸素からオゾン、そしてオゾン層ができ、地球上の生物が生きられる環境が整いました。酸素分子を液体になるまで冷やすと、淡い青色になります。

あたたかくくらくおもいもの
ぬるんだ水空気懸垂体
それこそほとんど恋愛自身なのである
なぜなら恋の八十パーセントは
H_2Oでなりたって
のこりは酸素と炭酸瓦斯との交流なのだ

『詩ノート』一〇三〇　あの雲がアットラクテヴだといふのかね
一九二七、四、五、

「ぎちぎちと鳴る　汚ない掌を／おれはこれからもつことになる（春）」と書いて、花巻農学校の先生をやめた賢治は、農村活動に入りましたが、身体も心も疲れていきました。そんななかでつくられた詩です。タイトルの「雲」は、恋愛を「あたたかくくらくおもいもの」とあらわしています。懸垂体とは平衡（ものが釣り合う状態）をいっているのでしょう。多くの水と酸素と炭酸ガスの平衡系を、恋愛にたとえています。

人体には平均約70％の水があり、人は酸素を取り入れ、炭酸ガスをはきだして生きています。酸素と炭酸ガスは約10億個ある肺胞といわれる細胞で交換されています。酸素は、恋愛のために必要なエネルギーをつくりだしているとうたっているようです。

酸　素

フッ素魚眼石〔Fluorapophyllite-(K)〕　硬度 4.5-5　比重 2.37

英語名はフルオアポフィライト。無色、白色、ピンク、緑色の柱状や板状の結晶。玄武岩や安山岩など、火山岩のすきまから産出。熱を加えると葉っぱの形に割れるため、はなれる apo と葉 phullon が名前についた。［インド、デカン高原］

▲落葉松（カラマツ）

フッ素

元素記号 F

原子番号 9

Fluorine

17族

今日ちゃうど二時半ころだ
高木から更木へ通る郡道の
まっ青な麦の間を
馬がまづ円筒形に氷凍された
直径四十糎の水銀を
二っつつけて南へ行った
それから八分半ほど経って
同じものを六本車につけて
人が二人で運んで行った

いやあの古い西岩手火山の
いちばん小さな弟にあたるやつが
次の噴火を弗素でやらうと
いろいろ仕度をしてゐるさうだ

『詩ノート』一〇七〇　科学に関する流言　一九二七、五、一九、

岩手山は賢治が中学校、高等学校、研究生時代を過ごした盛岡の北西に見える山です。東岩手と西岩手の2つの火山からできています。賢治があこがれた盛岡出身の詩人、石川啄木や彫刻家としても

原子量 18.998　ハロゲン

元素の豆知識

蛍石には未知の元素があると多くの研究者に信じられていました。なかにはフッ素を取りだす実験の途中で、毒性のため病気になったり、亡くなったりした人もいました。この蛍石(fluorite)にちなんで元素に名前をつけたのは、イギリスのデービーです。フランスのモアッサンが1886年に、低温でフッ化水素をつくり電気分解でフッ素ガスをとり出しました。フッ素は電子を引きよせる力が大きく、ネオンとヘリウムを除くすべての元素と反応します。

虫歯予防のためのねり歯磨きや、熱や薬品に強い食器などに利用されています。フッ素を含む化合物には、オゾン層を破壊するものもあります。

2012年に、自然界には存在しないとされてきた単体のフッ素分子が鉱石アントゾナイトに含まれていることがわかりました。

知られる高村光太郎といった詩人がこの岩手山の歌を数多く残しています。賢治もまた、岩手山をうたい、詩や短歌に残しました。

西岩手火山は、1919年（大正8年）7月15日に小さな噴火をしました。この年の3月、賢治は東京で病気になった妹トシを連れて花巻に帰り、嫌々家業を手伝います。そのころの歌です。

この詩の題にある「流言」は、いいかげんなうわさのことです。一番小さい峰が噴火するのではないかとのうわさが広まったので、観測の準備をしているのでしょうか。直径40センチメートルの水銀の筒を馬が運んでいきます。そのあと、今度は同じものを6本、車につけて運んでいったとあります。水銀モニターは、大気の観測装置で、火山の爆発によって火口から放出される火山灰中の水銀の濃度を観測します。

火山灰のおもな成分は、ケイ素（25・3パーセント）、アルミニウム（7・9パーセント）などの元素です。また火山ガス成分にはフッ素、塩素などのハロゲン元素や硫黄などのほかに、銅、亜鉛、鉛、カドミウム、水銀などの微量重金属元素が含まれています。

蛍石は、熱を加えると発光し、さらに熱を加えると、割れてはじける場合があります。賢治はこの蛍石の性質を知ったうえで、火山の噴火を、フッ素を使って想像したのでしょう。

フッ素

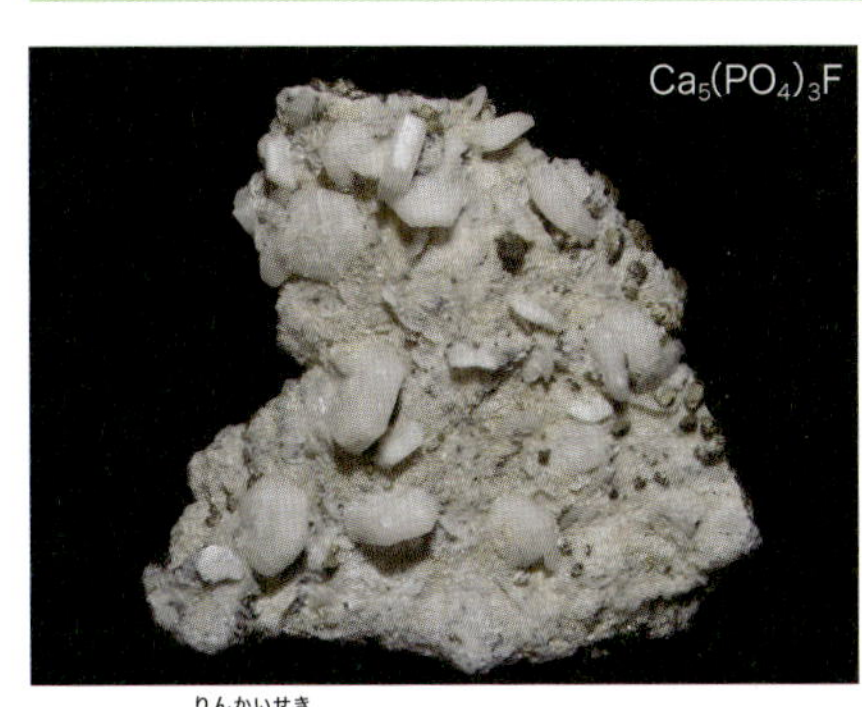

● フッ素燐灰石（Fluorapatite）

硬度 5　比重 3.2

リン酸塩鉱物。火成岩や変成岩などに含まれる。六方晶系。おもな産地は、ミャンマー、スリランカ、ブラジル、マダガスカルなど。［栃木県足尾鉱山］

● 蛍石（Fluorite）　硬度 4　比重 3.18

英語名はフローライト。カルシウムとフッ素の化合物で、ハロゲン化鉱物。無色、黄色、ピンク色、紫色、緑色など。熱を加えると暗やみで青白く光る。結晶は立方体、八面体。［中国］

ネオン

元素記号 Ne
原子番号 10
Neon
18族

ジョバンニは、せはしくいろいろなことを考へながら、さまざまな灯や木の枝で、すっかりきれいに飾られた街を通って行きました。時計屋の店には明るくネオン燈がついて、一秒ごとに石でこさえたふくろふの赤い眼が、くるっくるっとうごいたり、いろいろな宝石が海のやうな色をした厚い硝子の盤に載って星のやうにゆっくり循ったり、また向ふ側から、銅の人馬がゆっくりこっちへまはって来たりするのでした。

『銀河鉄道の夜』四　ケンタウル祭の夜

ジョバンニは、病気の母に1時間半すれば家にもどるからと約束して、ケンタウルの星祭に出かけます。その道すがら、時計屋さんのショーウインドーに、ネオンがまぶしいくらい輝いています。なかをのぞくと、眼をくるくる動かすフクロウ、円盤の上でぐるぐるとまるで星座のように回っている青緑色に輝くたくさんの宝石や、銅でつくった動く人馬の模型があり、少年の心をうきうきさせます。

ネオン管はフランスのジョルジュ・クロードが発明し、1910年にパリの政府庁舎グランパレスで発表しました。宣伝用のネオン燈が日本国内ではじめて取りつけられた店は、谷沢カバン店（1918

原子量 20.18　貴ガス

ネオンは、イギリスのラムゼーとトラバースが1898年に発見した元素です。液体にした空気をあたため、窒素、酸素などの気体成分を分けたあとに残ったものから、新元素として見つけられています。ギリシャ語の新しい *neos* にちなんで、ネオンと名づけられました。

ネオンは無色透明、無臭の貴ガスです。6つある貴ガスのなかで、アルゴンの次に多く存在する、窒素や酸素より軽い気体です。空気に含まれていて反応しにくい元素なので、ほかの原子と結びついて化合物をつくりません。

放電管に入れて電極のあいだに電気を通すと、深い紅色に輝きます。ネオンとヘリウムの混合ガスは、レーザー光の発生器として使われます。また、酸素とネオンを混ぜたガスは深海潜水や宇宙遊泳のときの呼吸ガスとして使われています。

年ころ）で、そのあと白木屋大阪支店（1925年ころ）、日比谷公園（東京都1926年ころ）とつぎつぎに取りつけられたといいます。1924年に書かれた『春と修羅　第二集』のころ、賢治は東京でネオンサインを見た思い出を、少年の弾む心で描いています。

……赤い牡丹の更沙染
冴え冴え燃えるネオン燈
白鳥の頸　睡蓮の火
雲にはるかな希望をのせて
いまふくよかにねむる少年…

『東京』　神田の夜　一九二八、六、一九、

賢治は、当時海外から導入された新しい科学技術や考え方に強い関心を示し、作品に取り入れました。たとえば、電気やガス灯、軽便鉄道や相対性理論などです。ネオン燈もそのひとつでした。

賢治は、生涯に9回東京を訪れています。町を歩きながら、たくさんの短歌や詩（心象スケッチ）をつくりました。自然をうたったのと同じように、賢治は東京という都市をよく観察してうたっています。この詩は、伊豆大島の友人を訪ねた帰りに、東京へ立ち寄ったときに書かれています。やはり新しいネオン燈が印象深かったようです。

ネオン

▲ネオンでネオンサイン

▲街のネオンサイン

元素の誕生

元素はいまから137億年前に生まれたと考えられています。宇宙が膨張しはじめて0・0001秒後、クォークとよばれる素粒子から陽子と中性子ができました。そして、陽子と中性子から重水素の原子核が、さらに陽子と中性子2個から三重水素の原子核が、さらに2個の陽子と2個の中性子からヘリウムの原子核ができました。1万秒後、重さの比で水素原子核が75パーセント、ヘリウム原子核が25パーセントになりました。

原子から鉱物へ

宇宙はさらに膨張します。しだいに温度が下がり、電子は原子核にとらえられました。38万年後、水素原子、ヘリウム原子、さらにリチウム原子が生まれます。水素原子とヘリウム原子が集まりはじめ、恒星ができます。原子どうしが結合して核融合反応を繰り返し、ヘリウムから炭素原子ができました。宇宙で最初にできた鉱物は炭素でできたグラファイトとダイヤモンドです。続いて酸素、ネオン、ケイ素ができ、核融合反応がどんどん進みました。

超新星爆発と太陽系の誕生

恒星が大きくなると、中心核が縮みはじめ、温度が上がり、大爆発が起こりました。超新星爆発です。鉄よりも重い元素は、この超新星爆発で生まれました。超新星爆発が繰り返され、生まれた元素が集まり、太陽系をつくりました。現在の太陽系宇宙の星は、重さの比で水素71パーセントとヘリウム27パーセントでできています。

地球と大気の誕生

星の衝突や合体が繰り返され、およそ46億年前に地球ができました。地球の重さの約35パーセントは鉄、約30パーセントは酸素、約15パーセントはケイ素です。そのほか多くの元素も含まれています。地球環境の変動や生物の誕生、酸素分子の誕生などにより、現在の大気には窒素75・5パーセント、酸素23パーセント、残りの1・5パーセントにはアルゴン、炭素、ネオンなどが含まれるようになりました。

人類の元素発見の歴史を見てみましょう（表1）。

表１　元素発見の歴史年表

年代	発見 元素数 (総計)	発見元素名（発見年）
古代	10	金　銀　銅　水銀　炭素　スズ　鉛（なまり）　硫黄（いおう）　鉄　アンチモン
中世	5 (15)	ヒ素（13 世紀）　亜鉛（あえん）　ビスマス　リン（1669）　白金
18 世紀 (前半)	2 (17)	コバルト（1737）　ニッケル（1751）
18 世紀 (後半)	13 (30)	水素（1766）　酸素（1771）　窒素（ちっそ）（1772）　マンガン（1774）　塩素（1774） モリブデン（1778）　タングステン（1781）　テルル（1782）　ウラン（1789） ジルコニウム（1789）　イットリウム（1794）　チタン（1795）　クロム（1797）
19 世紀 (前半)	27 (57)	タンタル（1802）　パラジウム（1803）　オスミウム（1803）　セリウム（1803） ロジウム（1803）　イリジウム（1803）　ナトリウム（1807）　カリウム（1807） アルミニウム（1807）　ホウ素（1808）　カルシウム（1808） ストロンチウム（1808）　バリウム（1808）　ヨウ素（1811）　リチウム（1817） カドミウム（1817）　セレン（1817）　ケイ素（1823）　臭素（しゅうそ）（1826） マグネシウム（1828）　トリウム（1828）　ベリリウム（1828）　ルテニウム（1828） バナジウム（1830）　ランタン（1839）　エルビウム（1843）　テルビウム（1843）
19 世紀 (後半)	27 (84)	セシウム（1860）　ルビジウム（1861）　タリウム（1861）　インジウム（1863） ニオブ（1865）　ヘリウム（1868）[(2)] **1869 年　メンデレーエフ　元素周期表を提案** ガリウム（1875）　イッテルビウム（1878）　スカンジウム（1879） サマリウム（1879）　ホルミウム（1879）　ツリウム（1879）　ガドリニウム（1880） プラセオジム（1885）　ネオジム（1885）　ゲルマニウム（1886） フッ素（1886）[(3)]　ジスプロシウム（1886）　アルゴン（1894） ユウロピウム（1896）　クリプトン（1898）　ネオン（1898）　キセノン（1898） ポロニウム（1898）　ラジウム（1898）　アクチニウム（1899）　ラドン（1900）
20 世紀 (前半)	13 (97)	ルテチウム（1907）　プロトアクチニウム（1918） ハフニウム（1923）　レニウム（1925）　テクネチウム（1937） フランシウム（1939）　ネプツニウム（1940）　プルトニウム（1940） アスタチン（1940）　キュリウム（1944）　アメリシウム（1945） プロメチウム（1947）　バークリウム（1949）
20 世紀 (後半)	17 (114)	カリホルニウム（1950）　アインスタイニウム（1952）　フェルミウム（1952） メンデレビウム（1955）　ノーベリウム（1958）　ローレンシウム（1961） ドブニウム（1967）　ラザホージウム（1969）　シーボーギウム（1974） ボーリウム（1976）　マイトネリウム（1982）　ハッシウム（1984） ダームスタチウム（1994）　レントゲニウム（1994）　コペルニシウム（1996） フレロビウム（1998）　リバモリウム（2000）
21 世紀	4 (118)	モスコビウム（2004）　ニホニウム（2004）　オガネソン（2006）　テネシン（2009）

［注］（1）元素発見の年代は、はっきりしていない元素もいくつかあり、文献（ぶんけん）によって異なっていることに注意。（2）ヘリウムは、1868 年に太陽コロナの発光スペクトルからロッキャーにより発見されていたが、メンデレーエフは周期表をつくるときは、この元素の存在を知らなかった。（3）フッ素は、1886 年にモアッサンにより発見されたが、古くから蛍石（ほたるいし）（CaF_2）や氷晶石（ひょうしょうせき）（Na_3AlF_6）などのフッ素化合物が知られていたため、メンデレーエフはフッ素を 1869 年の周期表に加えた。

ナトリウム

元素記号 Na
原子番号 11
Sodium
1族

そのとき私ははるかの向ふにまっ白な湖を見たのです。
(水ではないぞ、又曹達や何かの結晶だぞ。いまのうちひどく悦んで欺されたとき力を落しちゃいかないぞ。)
私は自分で自分に云ひました。
それでもやっぱり私は急ぎました。
湖はだんだん近く光って来ました。間もなく私はまっ白な石英の砂とその向ふに音なく湛へるほんたうの水とを見ました。砂がきしきし鳴りました。私はそれを一つまみとって空の微光にしらべました。すきとほる複六方錐の粒だったのです。
(石英安山岩か流紋岩から来た。)

『インドラの網』

インドラとは古代インドの神で、仏法の守り神「帝釈天」のことです。帝釈天は世界の中心の山「須弥山」に住み、その宮殿の周りには「インドラの網」とよばれるネットが張られています。そのネットの結び目には美しい宝石が縫いこまれていて、まるで鏡のなかの世界のように無限に輝きが続いているのです。

「生きるものすべてが関係しあいながらこの世界は進行している。そしてその結び目には宝石（珠玉）があり、それが互いを映し出し、

原子量 22.99　アルカリ金属

元素の豆知識

ナトリウムはイギリスのデービーが水酸化ナトリウムを電気分解して発見しました。元素の英語名sodium（ソディウム）はアラビア語のsuda（ソーダ）を元に、ドイツ語のNatrium（ナトリウム）はラテン語の炭酸ナトリウム*natron*（ナトロン）を元にしています。日本語名ナトリウムはドイツ語名に由来します。

ナトリウムは海水からできる食塩や地上で固まった岩塩のおもな成分で、炎色反応では黄色い光を発します。高速道路やトンネル内部の照明に、ナトリウムランプとして使われています。

金属ナトリウムはナイフで切れるほどやわらかくて銀色。

ナトリウムは必須元素です。体重70キログラムの成人の身体には、100グラムのナトリウムがあります。血液100ミリリットルには、0.9グラムの塩化ナトリウムが含まれています。

映し出されている。」という賢治の世界観があらわれている童話です。

この話ではインドラが、人の世界の空間から天の空間へとまぎれこんでしまいます。天の高原をさらに行くと、宝石の砂と、光る不思議な水をたたえた湖があらわれます。ソーダはナトリウム塩のことで、炭酸ナトリウムのことですが、ここでは食塩の結晶をさしています。

> 又、そののちのことですが、ある日バケツはツェねずみに、洗濯曹達のかけらをすこしやって、「これで毎朝お顔をお洗いなさい。」と云ひましたら、鼠はよろこんで、次の日から、毎日、それで顔を洗ってゐましたが、そのうちにねずみのおひげが十本ばかり抜けました。さぁツェねずみは、・・・・
>
> 『ツェねずみ』

炭酸ナトリウムは洗濯ソーダともいいます。日ごろ使っているものは、炭酸ナトリウムに少し炭酸水素ナトリウムが加えられています。炭酸ナトリウムはせっけんのように汚れをはぎ落とす力はありませんが、油などの汚れを小さく細かくして水に溶かす働きをします。ねずみのおひげが10本ばかり抜けたのは、洗濯ソーダを毎日使ったためでしょうね。

ナトリウム

方ソーダ石（Sodalite）　硬度 5.5-6　比重 2.31

閃長岩に含まれる。青金石（ラピスラズリ）とは同じなかま。青いかたまりは宝飾に利用される。

青金石（Lazurite）　硬度 5-5.5　比重 2.4

鮮やかなウルトラマリンブルー（群青）が特徴で Lapis-lazuli とよばれる。日本では瑠璃とよばれている。フェルメールの絵「真珠の首飾りの少女」のブルーの顔料として利用。[アフガニスタン]

マグネシウム

元素記号 **Mg**
原子番号 **12**
Magnesium
2族

> 子どもらは、みんな新らしい折のついた着物を着て、星めぐりの口笛を吹いたり、「ケンタウルス、露をふらせ。」と叫んで走ったり、青いマグネシヤの花火を燃したりして、たのしさうに遊んでゐるのでした。けれどもジョバンニは、いつかまた深く首を垂れて、そこらのにぎやかさとはまるでちがったことを考へながら、牛乳屋の方へ急ぐのでした。
>
> 『銀河鉄道の夜』四　ケンタウル祭の夜

病気の母に励まされたジョバンニは、ケンタウルの星祭に行く途中、まだ家に届いていない牛乳を受け取りに行きます。通りに出ると、子どもたちは新しい着物を着て、『星めぐりの歌』を口笛で吹き、白く輝くように燃えるマグネシア（酸化マグネシウム）の花火をもって楽しそうにお祭りへ向かっています。でも、ジョバンニの心は、授業のときにちゃんと先生に答えられなかったり、友だちに父のことをからかわれたり、母の病気が治らないことなどで、沈んでいるのです。賢治は、ジョバンニのかなしくてさみしいけれど、一方ではお祭りにでかけられるウキウキした気持ちを、青白く輝くマグネシアであらわしています。『星めぐりの歌』は、宮沢賢治が作詞・作曲しています。とても親しみやすく、美しい歌です。

原子量 24.305　金属

ギリシャのマグネシア地方で見つけられたマグネシア石（マグネサイト・菱苦土石）が、この元素の名前の元です。マグネシア石を高温で焼くと炭酸ガスが発生し、酸化マグネシウムができます。イギリスのデービーが、酸化マグネシウムを電気分解して、マグネシウムと水銀の合金（アマルガム）を発見し、フランスのビュシーが1828年に純粋なマグネシウムを取りだしました。

マグネシウムと亜鉛、アルミニウムの合金は軽く、さびにくく、加工しやすいので、自動車や航空機の機体、パソコン本体の材料に使われています。

植物の光合成の源である葉緑素（クロロフィル）にはマグネシウムイオンが含まれています。

マグネシウムは必須元素です。豆腐を固めるにがりや、胃腸薬、下剤などの薬にも使われています。

たちまち次の電光は、マグネシアの焔よりももっと明るく、菫外線の誘惑を、力いっぱい含みながら、まっすぐに地面に落ちて来ました。

美しい百合の憤りは頂点に達し、灼熱の花弁は雪よりも厳めしく、ガドルフはその凛と張る音さへ聴いたと思ひました。

『ガドルフの百合』

ガドルフは旅をして、歩き続けますが、いつになっても次の町は見えてきません。疲れきったガドルフを突然のはげしい雷雨が襲います。ボロボロになって誰も住んでいない家に飛び込み、そこで不思議にも立派に咲いている百合の花を見つけます。人生の嵐で心が砕けそうになっても、人はきっと生きられるという希望をあたえる賢治の童話の一節です。鋭い雷光を、マグネシアの強い光であらわしています。

▲マグネシウムリボンの燃焼

マグネシウム

● 苦灰石（Dolomite）　硬度 3.5-4　比重 2.8-2.9

海水中で石灰岩にマグネシウムが加わり、大鉱床をつくる。菱面体結晶の集合として産出。灰色～白色。

● 菱苦土石（Magnesite）

硬度 3.5-4.5　比重 3.01

マグネシウムの語源となった鉱物。「苦土」はマグネシウムの意。方解石の仲間。無色、白色、黄色、淡褐色などがある。[中国]

> いけないことは、足をふんばつたために、テーブルが少し坂になつて、べんたうばこがするするつと滑つて、たうたうがたつと事務長の前の床に落ちてしまつたのです。それはでこぼこではありましたが、アルミニユームでできてゐましたから、大丈夫こはれませんでした。
>
> 『猫の事務所』

賢治は、新しい考え方や科学技術には敏感で、いち早く作品に取り入れています、たとえば、アインシュタインの相対性理論や四次元空間、軽便鉄道や電灯などです。

この童話は、1926（大正15）年3月に『月曜』という雑誌に発表されました。賢治が生きているあいだに発表された作品はとても少ないのですが、そのうちのひとつです。アルミニウムの弁当箱や鍋を皆が使うようになったのは昭和4年よりあとで、アルミニウムの表面を加工し、より強くする技術が生まれたからといわれています。賢治は、銀色のアルマイトの弁当箱が誕生する前の大正15年には、もうアルミニウムの弁当箱を使っていたのかもしれません。

> 酸化礬土と酸水素焔にてつくりたる
> 紅きルビーのひとかけを

アルミニウム

元素記号 Al
原子番号 13
Aluminium
13族

原子量 26.982　金属

1円硬貨やアルミ缶など、私たちの生活になじみ深いアルミニウムの名前は、古代ギリシャでミョウバン *alumen*（アルメン）とよばれた物質が元になっています。イギリスのデービーは、1807年にミョウバンを電気分解してアルミニウムの酸化物を発見しました。純粋なアルミニウムは、1825年デンマークのエルステッドが取りだしています。1886年には、アメリカのホールとフランスのエルーが、それぞれに氷晶石〔$Na_3(AlF_6)$〕を原料にして金属アルミニウムをつくる工業化に成功しました。現在のアルミニウムの工業原料は、ボーキサイトです。

アルミニウムの重さは鉄の3分の1と軽く、強度が高く、錆びにくいため、銅やマグネシウムとの合金のジュラルミンが工業材料としてさまざまな分野で広く使われています。

ごく大切に手にはめて
タキスのそらのそのしたを
羊のごときやさしき眼してひとり立つひと

『東京』　高架線　一九二八、六、一〇、

32歳のとき、賢治は伊豆大島に住む友人を訪ね、岩手に帰る途中、東京に立ち寄ります。そのとき、街に佇んでいるルビーの指輪をはめた女性をみて、詩を書きました。

ルビーは、酸化アルミニウムにごくわずかのクロムが混入した宝石の一種です。酸化礬土は、酸化アルミニウム。タキスは土耳古玉のことで、一般に「トルコ石」や「ターコイズ」として知られ、アルミニウムや銅を含んでいます。賢治は、タキスを空の青さにたとえ、抜けるような青空をトルコ石の美しい青色であらわしています。

Al_2O_3

●コランダム（鋼玉）（Corundum）
硬度 9　比重 4.0-4.1
アルミニウムの酸化物。自然界ではダイヤモンドの次に硬い。六角板状、柱状結晶。金属イオンが混じると赤いルビー（Cr）や青いサファイヤ（Ti, Fe）になる。［中国］

アルミニウム

●明礬石（Alunite）　硬度 3.5-4　比重 2.6-2.9
火山岩が火山性のガスや温泉によって変質してできた鉱物。日本やイタリアに産地が多い。板状、鱗片状、白色、淡いピンク色、黄色。［北海道］

●ギブス石（Gibbsite）
硬度 2.5-3.0　比重 2.3-2.4
アルミニウムの鉱物でボーキサイトの成分鉱物。アルミニウムの原料。鉱物名は発見者の名前に由来する。［インド］

●ケイ素

元素記号 Si
原子番号 14
Silicon
14族

それはとちの実位あるまんまるの玉で、中では赤い火がちらちら燃えてゐるのです。(中略)それはまるで赤や緑や青や様々の火が烈しく戦争をして、地雷火をかけたり、のろしを上げたり、又いなづまが閃いたり、光の血が流れたり、さうかと思ふと水色の焔が玉の全体をパッと占領して、今度はひなげしの花や、黄色のチュウリップ、薔薇やほたるかづらなどが、一面風にゆらいだりしてゐるやうに見えるのです。

『貝の火』

子ウサギのホモイは、溺れそうになっていたひばりの子を救います。ひばりの親子が、ホモイを命の恩人として、お礼に「貝の火」をもってきます。「貝の火」をもらってから、まわりの動物たちがちやほやするので、ホモイは急に自分が偉くなったような気分で、偉そうな態度をするようになりました。やがて「貝の火」が鉛のようになり割れてしまい、その粉がホモイの目に入り、見えなくなってしまいます。それを見たフクロウは「たった六日だけだったな…」と馬鹿にしたように笑って離れていきます。「とちの実位あるまんまるの玉」は、宝珠といい、オパールの珠をさしています。光の下

原子量 30.974　非金属

元素の豆知識

ケイ素は地面から100メートルの深さまでの地殻に含まれる元素のなかで、酸素の次に多く存在します。それは石英、長石、水晶、ザクロ石など、多くの鉱物に含まれているからです。

ケイ素の英語名のシリコン silicon は、ケイ砂（硬い石や火打石）silex に由来しています。元素の単体は1823年にスウェーデンのベルセーリウスがフッ化ケイ素から取りだしました。ケイ素の純粋な結晶は1854年にフランスのドービルがつくりました。

ケイ素は、炭素と結びついて有機ケイ素化合物をつくり、それがつながった重合体はシリコーン silicone とよばれ、最後にeがついています。eだけのちがいですが、注意して元素名と区別します。

ケイ素は半導体の性質があり、コンピュータなどの電子回路をつくるには欠かせない材料です。

で見るオパールは、さまざまな色彩や光が内側から外へ発散してきます。オパールは酸化ケイ素が主成分の鉱物です。日本語では、蛋白石ともいいます。賢治は、貝の火を実に美しく描いています。

> 窓のそとでは雪やさびしい蛇紋岩の峯の下
> まっくろなフェロシリコンの工場から
> 赤い傘火花の雲が舞ひあがり、
> 一列の清冽な電燈は、
> たゞ青じろい二十日の月の、
> 盗賊紳士風した風のなかです。
>
> 『春と修羅　詩稿補遺』　雪と飛白岩の峰の脚

この詩は、深夜の発電所の風景と心情を描いているのでしょうか？　フェロシリコンは、15〜90パーセントのシリコンを含む鉄合金で、鉄ケイ化物（$FeSi_2$）のことです。溶けた鉄から炭素が失われるのを防ぐため、酸素を取り除く材料として鉄鋼、ステンレス鋼、そのほかの合金鋼の製鉄に使用されます。

二十日の月とは、満月から5日後の月で、夜が更けると見えてきます。

ケイ素

蛋白石（オパール）(Opal)　硬度 6　比重 2.1

砂岩のなかでゲル状のシリカが沈殿し、ゲルのつくる球体の層に光が反射干渉して赤、青、黄色などの虹色（遊色）を発生させる。宝石として利用されるものを貴蛋白石とよぶ。[オーストラリア]

石英（Quartz）　硬度 7　比重 2.6-2.65

石英の結晶は「水晶」。こまかい水晶が集まったものは玉髄という。2009年に見つかった千葉石は、かご状構造のなかにメタンを含むケイ酸鉱物。[中国]

リン

元素記号 **P**
原子番号 **15**

Phosphorus

15族

> アラムハラドはちょっと眼をつぶりました。眼をつぶったくらやみの中ではそこら中ぼおっと燐の火のやうに青く見え、ずうっと遠くが大へん青くて明るくてそこに黄金の葉をもった立派な樹がぞろっとならんでさんさんと梢を鳴らしてゐるやうに思ったのです。
>
> 『学者アラムハラドの見た着物』

学者アラムハラドは、町の外れの楊の木の下に塾を開いています。彼は11人の子を教えていて、そのなかでアラムハラドが好んだのは、セララバアドという子どもでした。「人が何としてもそうしないでいられないことは一体どういう事だろう」とアラムハラドが質問すると、セララバアドは「人はほんとうのいいことが何だかを考えないでいられないと思います」と答えます。それを聞いたアラムハラドは目をつぶります。セララバアドのことばが、リンが青く輝くように燃えて、あたりをいっそう明るくするように感じられたからでしょう。

アラムハラドは「鳥が鳴くように、魚が泳ぐように、人は何をしないでいられるだろうか?」と考える時間をあたえます。賢治は答えをただちに引きだすよりも、考えることの大切さを伝えています。

原子量 28.086　半金属

元素の豆知識

リンは1669年にドイツの錬金術師であり化学者であったブラントが、人の尿から発見しました。人の身体の成分からはじめて発見された元素です。英語名のphosphorus（ホスファラス）は、白リンが光を吸収してりん光を出して光ることから、ギリシャ語の「光をもたらすもの」が元になっています。リン灰石(アパタイト)として産出します。リンには、白リン、紫リン、黒リン、赤リンなど、同じ元素でも性質のちがう同素体があります。

リンは生物が生きていくためになくてはならない必須元素で、身体のなかでエネルギーをたくわえるのに重要です。窒素、カリウムとともに三大肥料の成分としても知られています。

リンを含むDNAやRNAなどの核酸は遺伝情報物質のひとつで、体重70キログラムの人では、約700グラムのリンがあります。

それからしばらくたってよだかははっきりまなこをひらきました。そして自分のからだがいま燐(りん)の火のやうな青い美しい光になって、しづ(ず)かに燃えてゐ(い)るのを見ました。すぐとなりは、カシオピア座でした。天の川の青じろいひかりが、すぐうしろになってゐ(い)ました。

そしてよだかの星は燃えつゞ(づ)けました。いつまでもいつまでも燃えつゞ(づ)けました。

今でもまだ燃えてゐ(い)ます。

『よだかの星』

『よだかの星』は、賢治(けんじ)が宗教のことで父と折り合いが悪くなって家を飛び出し、東京の印刷所で働いていたときに書かれた童話です。よだかという鳥は、ハチスズメやかわせみの兄であるにもかかわらず、とても醜(みにく)い鳥とされ、鳥の仲間の嫌(きら)われ者です。鷹(たか)から、市蔵と名前を変えろ、さもなくば殺すといわれ、生まれ故郷の森を追い出されます。よだかは、太陽や星に、死んでも良いからそばにいさせてほしいと頼(たの)みますが、相手にされません。居場所を失ったよだかは、天に上がって燃えて星になってしまいます。この一節は最後の場面で、よだかはリンの青く美しい光となり、星になって燃え続け輝(かがや)いています。賢治はよだかの星座を夢に描(えが)きました。

リン

●塩素燐灰石(りんかいせき)(Chlorapatite) 硬度 5 比重 3.1-3.2

フッ素燐灰石の塩素置換体。柱状あるいは板状。燐灰石(りんかいせき)はリンの主要鉱物でマッチや肥料の原料。火成岩や変成岩を構成する。生物の骨や歯にも同じ成分が含まれる。[神奈川県玄倉]

▲りん光

硫黄

元素記号 S
原子番号 16
Sulfur
16族

火が燃えるときは焔をつくる。焔といふものはよく見てゐると奇体なものだ。(中略)硫黄を燃せばちょっと眼のくるっとするやうな紫いろの焔をあげる。それから銅を灼くときは孔雀石のやうな明るい青い火をつくる。(中略)硫黄のやうなお日さまの光の中ではよくわからない焔でもまっくらな処に持って行けば立派にそこらを明るくする。火といふものはいつでも照らさう照らさうとしてゐるものだ。

『学者アラムハラドの見た着物』

アラムハラドが街のはずれの楊の林のなかで、11人の子どもたちに話をしています。火、熱、水や小鳥の話をしたあとで、「人が何としてもそうしないでいられないことは一体どういうことだろう。考えてごらん。」と質問します。この話のなかで、火が燃えて炎がでる例として、硫黄が燃えるときの様子を語っています。硫黄の炎色反応では、青紫の炎が見られます。賢治は、これを「眼のくるっとするような紫色」とあらわし、面白い表現を使っています。

まったくひどいかぜだ

原子量 32.066　非金属

元素の豆知識

硫黄は自然界では、火山の火口などに黄色のかたまりの結晶になっていて目に見えるため、古代からよく知られていました。硫黄の発見者はわかっていませんが、硫黄を元素として認めたのは、フランスのラボアジェでした。発火して青紫色の炎を出して燃えるため、サンスクリット語の火のもと（sulveri）からラテン語の *sulphurium* に由来して名づけられたといわれています。硫黄化合物にはチオ（thio-）という語が使われますが、これはギリシャ語の硫黄 *thion*（チオン）が元になっています。

硫黄にはいくつかの性質がちがう同素体があって、王冠形 S_8 環をもつ斜方硫黄と単斜硫黄は溶けるとゴム状硫黄になります。腐った卵によく似た火山や温泉のにおいは、硫化水素のにおいです。ゴムに硫黄を加えると、強さやのびちぢみする性質（弾力性）が増します。

たふれてしまひさうだ
沙漠でくされた駝鳥の卵
たしかに硫化水素ははひつてゐるし
ほかに無水亜硫酸
つまりこれはそらからの瓦斯の気流に二つある
しようとつして渦になつて硫黄華ができる
　気流に二つあつて硫黄華ができる
　　気流に二つあつて硫黄華ができる

『春と修羅』真空溶媒

卵の腐ったようなにおいは、硫化水素（気体）によるものです。硫化水素（気体）が空気中の酸素によって酸化され、固体の硫黄となって溶けだし、黄白色の硫黄華をつくります。

$$2H_2S + O_2 \rightarrow 2S\downarrow + 2H_2O$$

硫化水素　酸素　硫黄　水

硫黄は30以上の同素体をつくります。天然の硫黄は環状のS_8硫黄です。無水亜硫酸は二酸化硫黄のことで、マッチをすったときのにおいです。二酸化硫黄は硫化水素と反応し硫黄ができます。

$$2H_2S + SO_2 \rightarrow 3S + 2H_2O$$

賢治は、硫黄華をみた風景から、化学反応を詩にしました。

硫　黄

● 自然硫黄（Sulfur）　硬度 1.5-2.5　比重 2.1
火山の噴気孔に結晶したものや、温泉の沈殿物として生成。黄色でプラスチックのような光沢。硫化水素を発生して、卵の腐ったようなにおいがし、加熱すると溶ける。［群馬県白根山］

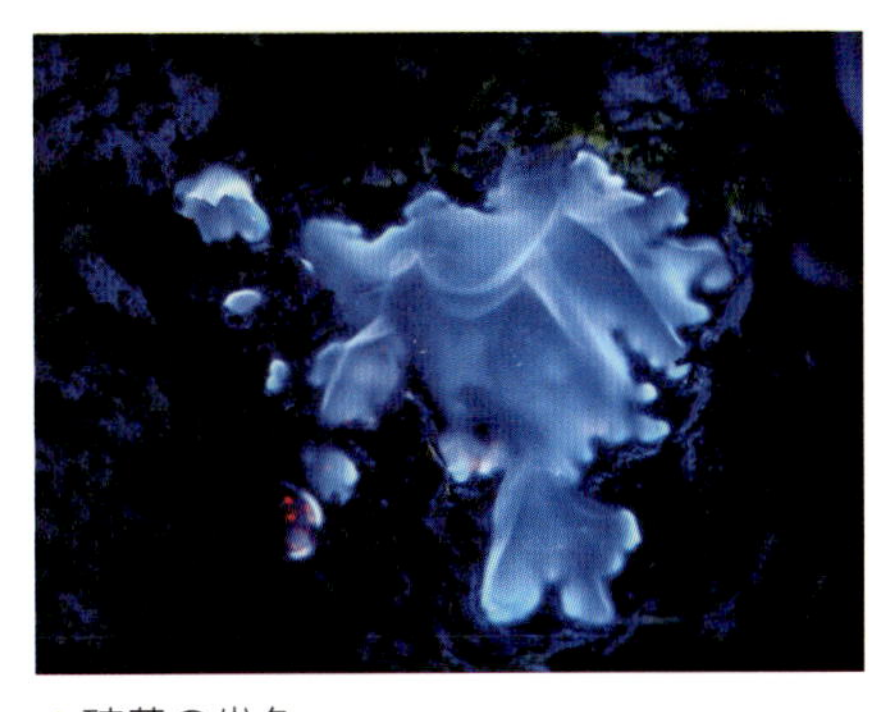

▲硫黄の炎色
ジャワ島のイジェン火山は硫黄が豊富で、年中硫黄が燃え続け、夜にはブルーファイアが見られる。

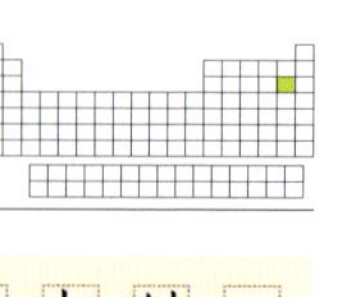

● 塩素

元素記号 Cl

原子番号 17

Chlorine

17族

「それでその、もしも塩素が赤い色のものならば、これは最も明らかな不合理である。黄色でなくてはならん。して見ると黄色といふ事はずゐぶん大切なもんだ。黄といふ字はかう書くのだ。」
　先生は黒板を向いて、両手や鼻や口や肘やカラアの髪の毛やなにかで一ぺんに三百ばかり黄といふ字を書きました。生徒はみんな大急ぎで筆記帳に黄といふ字を一杯書きましたがとても先生のやうにうまくは出来ません。

『ペンネンネンネンネン・ネネムの伝記』

　ばけものの国に飢饉が続き、両親は食べ物を探しに出ていったままで、ネネムと妹のマミミが残されます。マミミとも離れてしまったネネムは、苦労して勉強して、世界裁判長になります。そして、マミミと再び会います。サンムトリという火山があり、ネネムは噴火の時期を予言します、その通りに噴火が起きて、皆がネネムをほめ讃えます。ネネムも得意絶頂となり、皆と歌い踊ります。ところが有頂天のあまり、ネネムは足を踏み外し、人間世界にうっかり出現してしまいます。「出現罪」で自分を裁くことになったネネムは人間に発見され逃げまどいますが、気がついたときはもとのばけ

原子量 35.453　ハロゲン

　塩素は食塩の成分のひとつで、第17族のハロゲン元素のなかまです。フッ素、塩素、臭素、ヨウ素、アスタチン、テネシンの6つがあります。ハロゲンはギリシャ語で、「塩」と「つくる」が一緒になったことばで、金属イオンと結びついて、塩類をつくることを示しています。塩素は独特のにおいがあり、強い毒性をもち、金属をさびさせる腐食力の強い気体です。

　スウェーデンのシェーレは1774年に、二酸化マンガンに塩酸を加えて塩素ガスCl_2を発見しましたが、元素であることを確認したのはイギリスのデービーで、1810年のことでした。塩素分子は黄緑色を示すため、ギリシャ語のクロロス*chloros*（黄緑色）にちなんでデービーが名づけました。

　塩素は殺菌力や酸化作用が強いため、漂白剤や消毒剤として使われています。水道水も塩素で消毒していますね。

ものの世界にもどっていました。このユーモアあふれる話では、ネネムが学校で勉強をしている様子が書かれています。気体の塩素は、黄緑色です。ここに出てくるフウフヰウボオ博士は、賢治が好きな色のひとつである黄色という文字を300回も黒板に書いています。

> **塩素**
> …
> Cl
> スィーエル
>
> Cl^-
>
> HCl
> 塩酸
>
> Cl′
>
> 『羅須地人協会関係稿』化学ノ骨組ミ（三）

賢治は、自宅近くの羅須地人協会で畑や田んぼを耕し、そこで取れた作物を食べて生活をします。そして、農村の人々や農村青年を募って農業の勉強会などを開きます。その「案内状」には、いろいろな目次が書かれていて、そのひとつに「われわれに必須な化学の骨組み　二時間」勉強すると書かれています。この「塩素」のメモは、賢治の講義ノートに書かれたものです。賢治は農業労働を有効にするためには、どうしても化学の骨組みを知ることが必要だとメモしています。

フッ素のページで紹介した詩（36ページ）の下原稿では、フッ素と塩素が用いられています。「いやあの古い西岩手火山の　弟にあたるやつが　塩素と弗素でやらうと　いろいろ仕度をしてゐるさうだ」（異稿『詩ノート』170　噂）

塩　素

▲塩素の気体

●岩塩（Halite）　硬度 2.5　比重 2.2

天然の塩化ナトリウム。岩塩は地質時代の塩湖が干上がって地層になったもの。立方体の結晶。産地によってオレンジ、青、紫、ピンク色。[ボリビア、ウユニ塩原]

●アルゴン
元素記号 Ar
原子番号 18
Argon
18族

アルゴンの、かゞやくそらに　悪ひのき
みだれみだれていとゞ恐ろし　（四三〇）
『みふゆのひのき』（雑誌発表の短歌）大正六（一九一七）年二月中

賢治は、1917年盛岡高等農林学校の3年生のときに友人たちとともに同人誌「アザリア」を創刊（1917年）し、その第1号にこの短歌をのせています。アルゴンはその20年ほど前、すでに発見されていました。現在のように、コンピュータで世界中の情報に触れることができない大正時代に、賢治はどのようにして、新しい情報を取り入れていたのでしょうか。

アルゴンを真空管につめ、高い圧力のかかった電場に置くと紫色に光ります。賢治がアルゴンの輝きを見たかどうかはわかりませんが、それをおそろしいと見ているようです。

また、ヒノキは細かな魚のうろこのような平たい葉をたくさん並べているため、風にあおられると大きく揺れます。冬の寄宿舎の窓から見える1本のヒノキを、「悪ひのき」とよんで、嵐を受けて枝葉をゆさぶる恐ろしい姿を描いています。

▲アルゴンの放電

アルゴン　原子量 39.948　貴ガス

元素の豆知識

貴ガス元素のなかでアルゴンは、大気中にもっとも多く（約1パーセント）あります。無色透明で無臭の気体で、空気の成分としては窒素、酸素の次に多い元素です。空気を冷やしてアルゴンガスを取りだします。

イギリスのレイリーとスコットランドのラムゼーが、1890年に大気から取りだした窒素ガスのなかから新しい気体を発見しました。安定な気体で、ほとんど反応しないため、ギリシャ語の「働かないもの、なまけもの（*an+ergon*）」という意味でアルゴンと名づけられました。

アルゴンを封入した放電管は、青紫色に輝きます。蛍光灯には、アルゴンと水銀ガスが封入されているため、青みがかった光になります。アルゴンは水銀による放電を一定に保ち、光を均一にする作用があります。医療分野では、目の網膜の手術用として、アルゴンレーザーが使われています。

「原子」という考え方の芽生え

人類は、はじめ元素が存在することに気づきませんでした。人々は「火」を手に入れ、樹木を燃やして生活するようになりました。できた炭の周りに偶然、光り輝く「金」を発見したとき、どんなに驚いたことでしょう。人々は金に続いて「青銅」や「鉄」を手にいれました。身のまわりでさまざまな物質が見つかりはじめ、古代ギリシャの人々は、物質とは何かを考えはじめました。

万物の根源

古代ギリシャの哲学者たちは、物質や変化の元になっているものをアルケーとよび、さまざまな説を唱えました。

哲学者タレスは、万物の根源は、水だと考えました。アナクシメネスは、タレスの考えから、アルケーを火としました。またヘラクレイトスは、火が変化して空気や水、土をつくると主張しました。

そのあと、アルケーはひとつではなく、4つのリゾマータ（根）「火、水、空気、土」からできているとするエンペドクレスがあらわれました。

宇宙の根源

紀元前5世紀ころ、古代ギリシャの哲学者レウキッポスとその師、デモクリトスは、宇宙はアトム（原子 *atomos*：分割できないもの）とアトムが動く真空からできていると考え、原子論を唱えました。紀元前4世紀ごろ、古代ギリシャ・アテネの哲学者プラトンは物質を構成するもっとも小さい粒子をストイケイオン（*stoicheion*）とよびました。これらの考え方はアリストテレスによって確立され、ローマ、エジプトを経て、9～10世紀にはアラビア半島に伝わり、価値の低い物質を価値の高い金属に変える「錬金術」を生みだしました。

錬金術は、エジプトのアレキサンドリア地方に住んでいた学者たちが考えだしました。銅と亜鉛から金色に光る黄銅を、ヒ素を含む鶏冠石と銅から銀色に輝く金属をつくっていました。

カリウム

元素記号 K　原子番号 19

Potassium

1族

あをあをと
なやめる室にたゞひとり
加里のほのほの白み燃えたる

『歌稿』大正五（一九一六）年三月より

盛岡高等農林学校生となった賢治は、家業や家の宗教に疑問をもちはじめ、父と意見が異なるようになりました。沈んだ気持ちになりつつも、自分の将来に燃えたぎるものをうたいました。化学の実験で炎色反応を習ったのでしょう。加里は、カリウムのことです。カリウムは炎色反応で、紫に光ります。皆が帰った実験室でひとりぽつんと、将来への希望と現実を見つめます。不安や理解されない心の悩みを、賢治はカリウムの燃える炎であらわしました。

ソックスレット
光る加里球
並んでかゝるリービッヒ管
みんなはどこへ行ったのだらう
暖炉が燃えて
黄いろな時計はつまづきながらうごいてゐる

『詩ノート』一〇〇三　ソックスレット　一九二七、二、

原子量 39.098　アルカリ金属

元素の豆知識

イギリスのデービーは、1807年、電圧をかけて化合物を分解する方法（電気分解）によって、水酸化カリウムから金属カリウムだけを取りだす単離に成功しました。カリウムの英語名は「草木灰 potash＋イウム ium」から名づけられています。カリウムは電気分解法によってはじめて得られた元素です。

私たちの身体にとって、カリウムは必須元素です。不足すると筋肉が弱くなり、心臓の筋肉の働きも悪くなるために、不整脈を起こすことがあります。植物にとっても大切な元素で、カリウムは、窒素やリンと並ぶ3大肥料成分のひとつとして働きます。

▲カリウムの炎色反応

はじめの詩から11年たって、賢治は学生時代を思い出したのでしょうか、実験で使った器具、ソックスレー抽出器、カリ球、リービッヒ冷却器など、懐かしい冬の実験室と時代を超えてきた古い時計がぎこちなく時を刻んでいる風景をうたいました。

〈志戸平のちかく豊沢川の南の方に杉のよくついた奇麗な山があるでせう。あすことこゝとはとても木の生えエ合や較べにも何にもならないでせう。向ふは安山岩の集塊岩、こっちは流紋凝灰岩です。石灰や加里や植物養料がずうっと少いのです。ここにはとても杉なんか育たないのです。〉

『台川』

『台川』では、生徒たちを連れた地質調査のフィールドワークの様子が楽しく描かれています。杉が育つ地質のちがいを、構成岩、石の構成元素や生えている植物のちがいでわかりやすく説明しています。安山岩はナトリウムやカリウムを含んでいますが、流紋岩は酸化ケイ素が大部分です。

賢治は地質学が得意でした。『台川』や『イギリス海岸』では、生徒たちとの実習や調査の様子がリアルに描かれています。

カリウム

● 氷長石（Adularia）　硬度 6　比重 2.6

カリ長石の仲間。菱面体の結晶形。多くは透明で、真珠光沢がある。スイスアルプスの変成岩は代表的な鉱物。［スイス］

● 微斜長石（Microcline）　硬度 6　比重 2.56

三斜晶系のカリ長石。青緑色のものは天河石（アマゾナイト）とよび、鉛が少し含まれている。花崗岩ペグマタイトに産する。［アメリカ、コロラド］

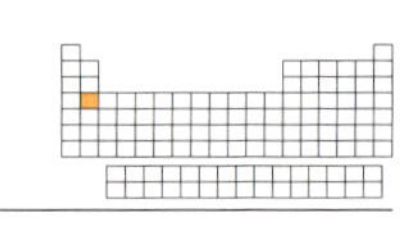

カルシウム

元素記号 Ca　原子番号 20

Calcium　2族

化学ノ骨組ミ　［一］

＊酸化カルシウム　CaO

＊水酸化カルシウム　$Ca(OH)_2$

炭酸石灰　$CaCO_3$　（石灰石等）

硫酸石灰　$CaSO_4$　（石膏）

燐酸三石灰　$Ca_3(PO_4)_3$

重炭酸石灰　$CaH_2(CO_3)_2$

燐酸一石灰　$CaH_4(PO_4)_2$

化学ノ骨組ミ［三］

カルシウム

40

Ca　スィーエー

－Ca－

CaO（生石灰）

$Ca(OH)_2$（消石灰）

Ca^{++}

『羅須地人協会関係稿』（化学の骨組ミ）

カルシウムは哺乳動物にとっても、植物や野菜の肥料としても必要で重要な元素です。賢治は、農村指導と肥料作成にカルシウムは欠かせない元素と考えていました。

はじめの部分は、「羅須地人協会」で講義と農民へ稲作や肥料の指導をするために書かれたノート「化学ノ骨組ミ」からカルシウムの部分を抜書きしました。肥料で用いるさまざまなカルシウムを含む化合物の名前と化学式が書かれています。また、カルシウムを農民に伝えるために、Caの読み方「スィーエー」までを書いているのはおもしろい

原子量 40.078　アルカリ土類元素

元素の豆知識

カルシウムは地下100メートルまでの地殻のなかで5番目に多い金属元素です。イギリスのデービーは、石灰（炭酸カルシウム）calxを電気分解によって発見し、1808年にカルシウムと名づけました。

カルシウムは石灰岩や大理石、石こう、方解石などの鉱石やサンゴの骨格にも多く含まれています。

大人の男性の身体には約1キログラムのカルシウムがあり、その99パーセントはリン酸カルシウムや炭酸カルシウムとして骨や歯に、残りの1パーセントは血液や細胞にあります。私たちの身体をつくる必須元素のひとつです。カルシウムが不足すると、骨がもろくなり骨折しやすくなる骨粗しょう症の原因となります。そのため、カルシウムを吸収しやすくするビタミンDをとる必要があります。

セメントやモルタルのように、建築の材料として活用されています。

ところです。賢治の真剣さと優しさが伝わってくるようです。さらに、「植物ノ成育ニ直接必要ナ因子」では、石灰について細かに書いています。

(1)葉緑素形成の媒助者、(2)炭水化物の移転者、(3)有機酸の中和材料、(4)或る必須有機物の成分、(5)ペクチン等を凝固して保持。(6)マグネシウムの有毒作用を除くなどです。

> $Ca(OH)_2$
> 原石
> 94% $CaCO_3$, CaO 57%
> 52.5% CaO　52.64%
>
> 消石灰トスレバ
> 64% CaO
>
> 『王冠印手帳』一、二、一七、一八頁から（昭和六年）

上のメモは、疲労と栄養失調のため「羅須地人協会」の活動をやめて自宅で療養しているときに頼まれ東北砕石工場の技士となり、石灰の宣伝販売を担当するようになったときに使っていた手帳から、カルシウムが記されている部分です。

消石灰は水酸化カルシウムのことで、水と石灰を反応させてつくり、酸性の土を中和させる土壌改良剤として使われます。学校のグラウンドに引かれる白線も消石灰ですね。

カルシウム

●霰石（Aragonite）　硬度 3.5-4.0　比重 2.9-3.0
方解石と同じ組成だが、方解石は六方晶系、霰石は直方晶系。スペインのアラゴン地方で双晶による六角柱の結晶でとれることから命名された。貝殻や真珠の構成物でもある。[スペイン]

●方解石（Calcite）　硬度 3　比重 2.7
石灰岩の主成分鉱物。変成して再結晶したものが大理石。結晶では透かした文字などが二重に見える複屈折現象を示す。[中国]

チタン

元素記号 Ti
原子番号 22
Titanium
4族

就中最注意ヲ要スルモノ次ノ如クニ御座候
之等ハ最小規模ニノミ産シ而モ次第ニ本県内ニテ問題ト
ナルベク候
　ヴナデイム　ウラニウム　（鉄工業ソノ他ニ用フ。）
　タングステン、（ヲルフラム）（鉄工業、電気工業）
　チタニウム
　錫
　タンタラム（電燈用ソノ他）
　テルリウム
　セレニウム（電子工業）
　白金、
　ウラニウム、
　イリヂウム
　オスミウム
　砒素
之等ハ定性分析及検鏡ニヨリテノミ発見セラルベク候
『大正七（一九一八）年六月二十二日　宮沢政次郎あて封書』

原子量 47.867　遷移金属

元素の豆知識

オリンポスの神々との戦いに敗れ、地底の冥界に閉じこめられた神話のなかの巨人タイタンの名前は、ドイツのクラップロートによりふたたび地上に出ることができました。彼は1795年ルチル（金紅石）から発見した未知の酸化物を、タイタンにちなんでチタンと名づけたのです。1910年に混じりけのない純粋なチタンを取りだしたのは、アメリカのハンターでした。自然界の鉱物から得られるのは、ほとんどが酸化チタン（TiO_2）です。

チタンは強度が高く、熱やさびに強いため、航空宇宙製品や建築の材料、自動車、ゴルフクラブ、パソコン、カメラなどに使われています。酸化チタンは、光触媒としても重要です。金属アレルギーを起こしにくいため、人工関節や日焼け止め化粧品の材料などにも使われています。

チタンは、地殻中の遷移元素としては鉄に次いで多い元素で、ルチルやチタン鉄鉱などの鉱物の主成分です。金属チタンは強度、軽さ、耐食性、耐熱性を備え、現代ではさまざまな分野で活用されています。化合物では酸化チタン（+4価）が安価な白色顔料として塗料や化粧品原料として日常生活でも広く用いられています。チタンのこのような性質は最近になってよく知られていますが、賢治が生きていた時代は、まだあまり使われていなかったと思われます。賢治はチタンがこのように広く使われる日を考えていたのでしょうか？

この文章は、賢治が盛岡高等農林学校を卒業後、研究生として関豊太郎教授の下で地質調査や鉱物分析をしていたころに、父政次郎に宛てた手紙の一部です。さまざまな実験や体験をしつつも、研究生活になじめず、関教授に学校に残ることをすすめられましたが、それを断りました。そして、将来は「岩石や鉱物」をあつかう職業につきたいと伝えています。

岩手県に産出する鉱物を自分で調べ、将来問題となる元素を多数あげて、父に示しています。これらは定性分析と顕微鏡による観察だけで発見できると伝えています。賢治の鉱物への情熱とたくさんの知識を感じることができます。チタンはドイツ語ですが、賢治は英語でチタニウムと書いています。

チタン

● チタン鉄鉱（Ilmerite）

硬度 5-6　比重 4.5-5.0

チタンと鉄の酸化物。各種の深成岩、火山岩、変成岩に含まれる。砂鉱をつくる。チタンの鉱石。［ロシア、ウラル］

● ルチル（金紅石）（Rutile）

硬度 6.0-6.5　比重 4.2-4.3

柱状、針状の赤褐色～赤色の結晶。屈折率は天然鉱物のなかでダイヤモンドより高い。チタンの工業原料。火成岩、変成岩に含まれる。［ブラジル、ミナスジェライス］

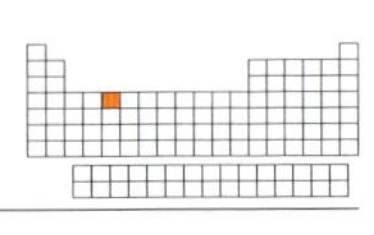

バナジウム

元素記号 V

原子番号 23

Vanadium

5族

就中最注意ヲ要スルモノ次ノ如クニ御座候
之等ハ最小規模ニノミ産シ而モ次第ニ本県内ニテ問題ト
ナルベク候
ヴナデイム　ウラニウム　（鉄工業ソノ他ニ用フ。）
タングステン、（ヲルフラム）（鉄工業、電気工業）
チタニウム
錫
タンタラム（電燈用ソノ他）
テルリウム
セレニウム（電子工業）
白金、
ウラニウム、
イリヂウム
オスミウム
砒素
之等ハ定性分析及検鏡ニヨリテノミ発見セラルベク候

『大正七（一九一八）年六月二十二日　宮沢政次郎あて封書』

原子量 50.942　遷移金属

元素の豆知識

スウェーデンのセブストレームは、1830年に軟鉄鉱から新しい元素を発見しました。新元素のイオンは酸素との結びつき（酸化）によりさまざまな美しい色を示すため、スカンジナビア神話の美の女神バナジスにちなんでバナジウムと名づけられました。

バナジウムは鋼鉄に加えると酸化バナジウムになり、硬く、水に強くなります。これを利用して強い自動車をつくり自動車王となったのが、アメリカのヘンリー・フォードです。現代では、ジェットエンジンやバネなどの工具材料に加えられ、広く使われています。

バナジウムイオンやその有機化合物との複合体（錯体）は実験動物の糖尿病を治す効果が知られています。バナジウムは、私たちの身体のすい臓でつくられるインスリンとよく似た働きをします。

バナジウムは、金属としては軟らかく、よく伸びる性質があり簡単に圧力をかけて薄く延ばすことができる元素です。鋼鉄に加える添加剤としての役割が8割以上を占めています。バナジウム化合物は化学反応の速度を上げる触媒の役割も大切で、化学、電気工学、電子工学の分野でもなくてはならない元素です。鉄鋼にバナジウムを0.1パーセント程度添加し、炭素と結合させると、結晶の粒がより細かくなるため、もろくならずに強度があがり変形しにくく、熱に強い性質などが向上します。19世紀末から20世紀のはじめ、イギリスで新種の高速度鋼「バナジウム鋼」が開発されました。それまでの鋼材の倍の張力をもち、軽く、高速で加工できるようになりました。アメリカの自動車会社の創始者ヘンリー・フォードはこれを知り、新型車にバナジウム鋼を採用して生産性向上と軽量化に成功し、モデルT車を発売しました。日本国内では、1913年（大正2年）に高速度鋼の製造に成功しています。

賢治は、この情報を知っていたのか、父への手紙では、バナジウム（鉄工業）と書いています。問題となる元素の最初にバナジウムをあげていますが、日本では漂砂鉱床という比重の大きな鉱物に、酸化バナジウムが0.3〜0.5パーセントほど含まれています。賢治は、バナジウムをわざわざヴァナデイムと英語の発音に近い表現を使っているのはおもしろいですね。

バナジウム

● バナジン鉛鉱（Vanadinite）

硬度 3　比重 6.88

バナジウムを含む鉱石。鮮やかな橙赤色で六角柱状〜板状の結晶。モロッコのミブラーデンでは鮮やかな紅色の結晶を産出。［モロッコ、ミブラーデン］

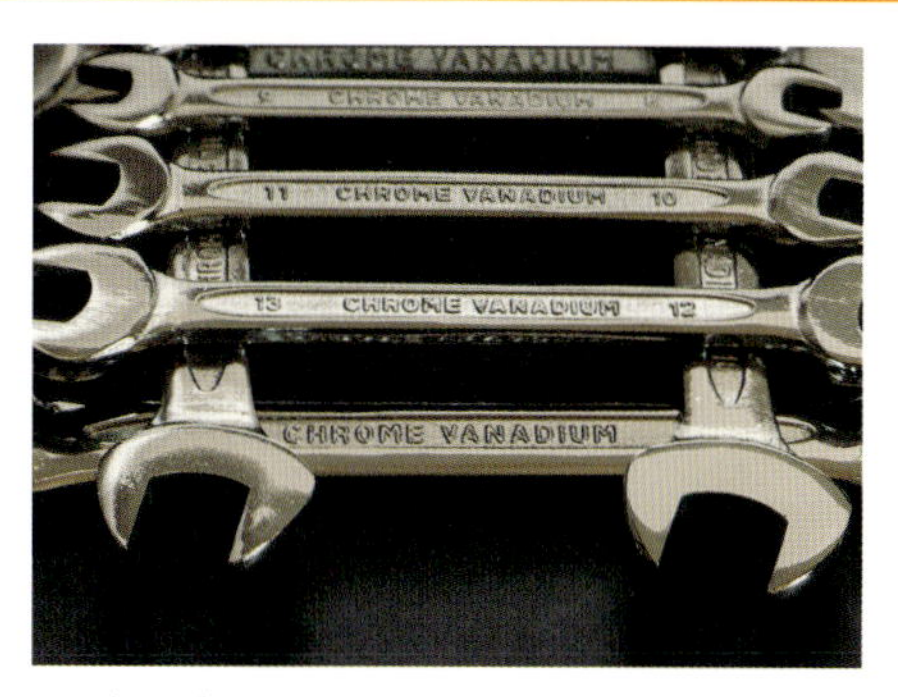

▲バナジウム鋼

●クロム Chromium

元素記号 Cr
原子番号 24
6族

クロム金属は、表面がなめらかで、硬（かた）くさびにくいなどの性質があるため、大部分はクロムめっきとして使われています。鉄、ニッケルと10・5パーセント以上のクロムを含（ふく）む合金（フェロクロム）はステンレス鋼とよばれ、クロムが表面に特殊（とくしゅ）な膜（まく）をつくるため、ほとんど錆（さ）びません。そのため、車両や機械などの重工業製品から流し台、包丁などの台所用品まで幅（はば）広く使われています。また、ニクロムはニッケルとクロムを中心とする合金であり、電気抵抗（ていこう）が大きいため、「ニクロム線」として電気ストーブなどによく使われました。

nickel watch
nickel
Chrome
Calium

『GERIEF印手帳』一九頁（ページ）、二〇頁（ページ）

賢治（けんじ）は、ニクロムを意識していたのでしょうか。ニッケルとクロムを、手帳の1ページにわざわざ英語で記入しています。『GERIEF印手帳』は、昭和6（1931）年の3月から7月まで使われました。病気の身体でありながら、頼（たの）まれた東北砕石（さいせき）工場の技士として石灰の宣伝や販売（はんばい）を担当していたころにもち歩いていた手帳だったようです。

クロム　原子量 51.996　遷移（せんい）金属

元素の豆知識

赤やオレンジ色に輝（かがや）く紅鉛鉱（こうえんこう）（111ページ参照）の美しさに、人々は心をひきつけられ夢中になりました。フランスのボークランもその一人でした。紅鉛鉱（こうえんこう）から1797年に黄色の酸化クロムを見つけだし、その後、緑色のクロムイオンも見つけました。新元素は酸素との結びつきによって紫（むらさき）、赤にも変化するため、ボークランはギリシャ語の「サフラン色（濃（こ）い黄色）」にちなんで「色」をあらわすクロムと名づけました。

●菫泥石（きんでいせき）（Kämmererite）
硬度 2　比重 2.6
美しい紫（むらさき）色のクロムを含（ふく）むクリノクロア（緑泥石（りょくでいせき））の一種。クロム鉄鉱の割れ目にできる。[トルコ]

元素探求のはじまり――錬金術

錬金術の考え方は、「実験」をもとにしています。実験の技術や方法が、ヨーロッパに伝わり、ヨーロッパの錬金術師たちは、鉛などを金にかえてしまうという「賢者の石」を探す途中で、アンチモン、ヒ素、亜鉛、ビスマス、リンなどを発見しました。

ほとんどの元素は、自然界から直接に見つかったものですが、リンだけは、人間の身体から発見されました。ドイツのブラントは、元素発見の歴史に名をとどめているただ一人の錬金術師です。1669年に人の尿を集め、リンを取りだしました。発見の喜びを恍惚とした表情に描いたライトによる絵画は、見るものを感動させます。リンの発見は、自然界からあるいは生物体から実験によって、元素を発見できる可能性をあたえた素晴らしい事件でした。

ブラントの発見から100年後、スウェーデンのシェーレとガーンは、骨の主成分はリンであることを見いだしました。ギリシャ人は自然のあり方を議論により解明しようとしましたが、錬金術は物質やその変化を、実験を通して理解しようとしたのです。

▲ブラントによるリンの発見

● マンガン

元素記号 **Mn**
原子番号 **25**
Manganese
7族

> 「植物ノ生育ニ直接必要ナ因子」
> 一六（満俺）（一）酸化酵素ノ一材料　（二）刺激作用
> ヲ有スル。（中略）
>
> リービッヒノ最少養分律、ドベネックノ最少要素律、
> ウォルフノ法則等之ヲ近似的ニ総括スル。植物生理化学
> ハ理論的ニハ未ダ全ク未成品デアリ、殊ニ本稿ハ全クノ
> 実用表ニシカ過ギナイ。
>
> 『羅須地人協会関係稿』

「植物ノ生育ニ直接必要ナ因子」は、16項目にわたり詳しく記載されています。賢治が、盛岡高等農林学校と花巻農学校で学んだり研究したりして得た農業や肥料や栄養素についての知識を実際に役立てられるようにと考えたのでしょう。たくさんの項目の内容から、いかに賢治が農業指導に一生懸命であったかが読み取れます。

満俺は、マンガンを指すドイツ語 Mangan を日本語の当て字にし漢字であらわしたものです。スウェーデンの化学者シェーレは、植物を燃やして得た灰に濃塩酸を加えると、塩素ガスが発生することを発見しました。当時の知識から、灰のなかには二酸化マンガンがあると考え、マンガンを植物の構成元素と考えました。

原子量 54.938　遷移金属

元素の豆知識

スウェーデンのシェーレは軟マンガン鉱から新元素を見つけたと思ったのですが、新元素だけを取りだすことができませんでした。シェーレの友人のガーンは、シェーレからもらった同じ鉱物から1774年に新元素を単離し、マンガネシウムと名づけました。1808年に、マグネシウムが発見されたため、クラップロートがマンガンという元素名を使うよう提案しました。マンガンイオンは、+1〜+7の酸化状態をとり、さまざまな色に変化します。

マンガン電池は古くから使われ、容量の大きいアルカリマンガン電池の正極には二酸化マンガンが使われています。

マンガンの合金は、引っ張りや衝撃に強いため、鉄道のレールやワイヤーに、鉄との合金「フェロマンガン」は製鉄の脱酸剤や脱硫剤として使われています。

マンガンは、私たちの身体になくてはならない必須元素です。

　ドイツのリービッヒが唱えた最少養分律は、植物の生育や収穫量は土の成分のなかでもっとも少ない栄養素に左右されるというものです。その後、ドイツのウォルニーが、水と光、温度、空気をつけ加え「リービッヒの最少律」としました。ドベネックは「ドベネックの桶」という絵で、最少律をわかりやすくあらわしています。賢治は、これらの法則を講義ノートにまとめました。マンガンを「酸化酵素の1材料」と書いていますが、具体的にはよくわかりません。1材料とは、マンガンが酵素の活性中心にあると考えていたのでしょう。

　現在、マンガンを含む酵素には、ピルビン酸カルボキシラーゼ（ピルビン酸のカルボキシ化酵素）、酸性ホスファターゼ（リン酸エステル加水分解酵素）、スーパーオキシドジスムターゼ（抗酸化酵素）、カタラーゼ（過酸化水素分解酵素）、リボヌクレアーゼ（RNAのリボースとリン酸結合の加水分解酵素）などが知られていますが、いずれも賢治が亡くなってから発見されています。

▲菱マンガン鉱

マンガン

●軟マンガン鉱（Pyrolusite）

硬度 2.0-6.0　比重 4.4-5.0

二酸化マンガンの鉱物でラムスデル鉱と同じ組成。黒色柱状結晶。マンガン電池、合金、溶接棒、ガラス製造に使われる。［ドイツ、ハルツ山地］

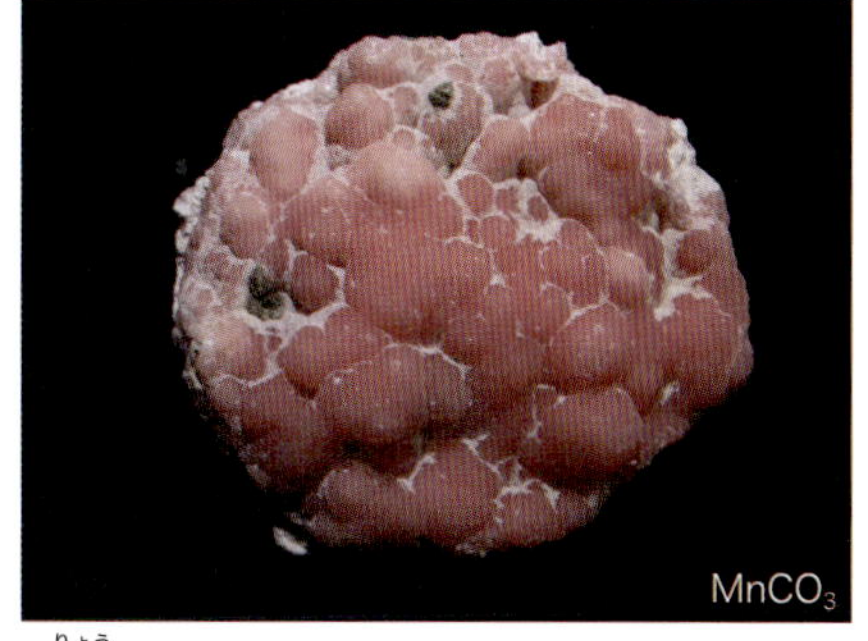

●菱マンガン鉱（Rhodochrosite）

硬度 3.5-4.0　比重 3.5-3.7

方解石のカルシウムをマンガンで置換した鉱物。ピンク色、赤色で菱形の結晶が多く、紅色の縞模様のあるものは「インカローズ（インカのバラ）」とよぶ。［青森県尾太鉱山］

まこと楊（やなぎ）に磁の乗りて
小鳥は鉄のたぐひかや
ひとむれさつと落ち入りて
しらむ梢（こずえ）ぞあやしけれ

『文語詩未定稿（こう）』楊林（ようりん）

夏の夕暮れ時に森や林をながめていると、小鳥の大群が、サアーと一斉（いっせい）に樹々（きぎ）に降りる風景を見ることがあります。賢治（けんじ）には、小鳥の群れが樹々（きぎ）に吸い込（こ）まれるように見えたのでしょう。小鳥たちが小さな鉄のかたまりで、樹々（きぎ）の梢（こずえ）を磁石とみて、ユーモラスにほほえましい詩を書いています。

魚がこんどはそこら中の黄金（きん）の光をまるつ（つ）きりくちゃくちゃにしておまけに自分は鉄いろに変に底びかりして、又上流（またかみ）の方へのぼりました。
「お魚はなぜあゝ（あ）行ったり来たりするの。」
弟の蟹（かに）がまぶしさう（そ）に眼を動かしながらたづ（ず）ねました。
「何か悪いことをしてるんだよとつ（っ）てるんだよ。」
「とつ（っ）てるの。」
「うん。」

『やまなし』

原子量 55.845　遷移金属（せんい）

元素の豆知識

英語名 iron やドイツ語名 Eisen は、古いゲルマン系の言葉が元になっているといわれますが、詳（くわ）しくはわかっていません。元素記号 Fe は、ラテン語の鉄 *ferrum* に由来します。ギリシャ語の鉄 *sideros* は物質名や菱鉄鉱（りょうてっこう） *siderite* などの鉱物名にも使われています。

鉄は地球上にもっとも多く存在する金属元素であり、古代から人々の生活に身近な存在でした。今から約4000年前に、ヒッタイト民族がはじめて製鉄技術を発明し、鉄器文明を拓（ひら）いたと考えられています。鉄の原鉱石は赤鉄鉱や磁鉄鉱です。

鉄は身体になくてはならない必須（ひっす）元素であり、大人の男性の体内にある総鉄量は5～6グラムです。その大部分は、血液中のヘモグロビンや筋肉中のミオグロビンと結びつき、それぞれ酸素を運んだり、たくわえたりする役割をしています。

『やまなし』は、谷川の情景を「二枚の青い幻灯」として描いています。谷川の底のカニの兄弟とお父さんが見る生き物たちの世界を描いたもので、晩春の5月の日中と初冬の12月の月夜の物語です。黄金色に降りそそぐ太陽の光をくちゃくちゃにして、魚が泳ぎまわっています。カニの兄弟がそれを見て驚いている様子を色彩があふれるように描いています。カニたちには、魚が鉄の色に輝いて見えたのでしょう。12月にはカニの兄弟も成長し、山梨の実りが訪れるところで終わっています。

> **河へ出てゐる広い泥岩の露出で奇体なギザギザのあるくるみの化石だの赤い高師小僧だのたくさん拾った。**
>
> 『或る農学生の日誌』

「高師小僧」とは、土のなかの鉄イオンがアシや水田のイネの根の周りに集まって、数センチメートルほどの暗褐色で棒状のゆかいなかたまりの化石になったものです（9ページ参照）。鉄を栄養にするバクテリアの働きによってつくられると考えられています。根があった場所に孔が空いているのも特徴です。愛知県豊橋市の高師原ではじめて発見されたため、地名が名前になりました。昔は、日本のあちこちで見られたそうです。石集めに懸命だった「石っこ賢さん」ならではの日記です。

鉄

● 赤鉄鉱（Hematite）

硬度 5.5　比重 5.3

結晶は黒～銀灰色の板状。粉にした結晶は赤色、赤褐色で「ベンガラ」として利用。ラスコーの洞窟壁画でも見られる。先カンブリア紀の地層の鉱層は重要な鉄資源。［岐阜県赤坂］

● 磁鉄鉱（Magnetite）

硬度 5.5-6.0　比重 4.5-5.1

もっとも広く分布する鉄のおもな鉱石鉱物。つやのある黒色と金属光沢。磁性がある。羊飼いの少年マグネスが発見したとされる。［岩手県釜石鉱山］

● 黄鉄鉱（Pyrite）

硬度 6-6.5　比重 5.0

金によく似た色と光で、金にまちがわれやすい。「False gold（にせの金）」といわれた。硫化鉄鉱物として昔は鉄、硫黄の原料。［中国］

コバルト

元素記号 Co
原子番号 27
Cobalt
9族

黄色の方の一本が、こゝろを南の青白い天末に投げながら、ひとりごとのやうに云ったのでした。
「お日さまは、今日はコバルト硝子の光のこなを、すこうしよけいにお播きなさるやうですわ。」

『まなづるとダァリヤ』

『まなづるとダァリヤ』は、花の女王になりたい赤いダァリヤと沼のふちにつつましく咲く白いダァリヤを比較させてどちらが美しいか、まなづるに評価させる童話です。赤いダァリヤはだんだんと黒ずんでいき、通りかかった人に「これはおれたちの親方の紋だ」と枝を折られてしまいました。それをみていた黄色のダァリヤの涙のなかでギラギラの太陽は昇っていきます。まるでコバルトガラスの粉を散らしたようにきらきら輝く様子が感じられます。

……コバルトガラスのかけらやこな！
あちこちどしゃどしゃ抛げ散らされた
安山岩の塊と
あをあを燃える山の岩塩……

『春と修羅　第二集』　三三六　春谷暁臥

原子量 58.933　遷移金属

元素の豆知識

美しい青色の鉱石は、紀元前2000年より前からガラスや陶器の青の着色に使われていました。この鉱石から新元素が発見されたのは、約3000年後の1737年のことでした。スウェーデンのブラントが元素を取りだすことに成功し、1780年にベルクマンが新しい元素であることを確かめました。元素名はドイツの昔話の山の精・悪霊コボルトにちなんで、コバルトと名づけられたといいます。

コバルトとニッケル、クロム、モリブデンの合金は高温のなかでも強いため、航空機やタービンに使われています。磁石の生産になくてはならない材料で、陶器やガラス製品の青い色素としてもよく使われています。

コバルトは必須元素のひとつで、ビタミンB_{12}は金属元素コバルトを含む珍しいビタミンです。

コバルトガラスは、酸化コバルトを含む青色のガラスのことです。コバルトは遷移元素のひとつで、+2価と+3価の化合物がよく知られています。酸化コバルトは+2価の化合物で、数世紀前から陶磁器の着色剤として使われてきました。酸化コバルトを添加したガラスや陶磁器はコバルトブルーとよばれる深青色になります。500～700ナノメートルに強い光吸収を示すため、実験で炎色反応を観察するときに、ナトリウムに由来する589ナノメートルの輝線を吸収する光学フィルターとして利用されています。

コバルトのなやみよどめる
その底に
加里の火
ひとつ
白み燃えたる

『歌稿』大正五年三月より

盛岡高等農林学校の2年生のときの詩です。家の宗教と家業に疑問をもちはじめた賢治は、将来を考えて沈んだ気持ちになりますが、同時に将来への夢をもって燃える心の動きを、コバルトブルーとカリウムの炎色反応（58ページ参照）であらわしています。

コバルト

●輝コバルト鉱（Cobaltite）

硬度 5.5　比重 6.1-6.4

コバルトとヒ素の硫化物。白色、金属光沢をもつ。コバルトの重要な鉱石。[山口県長登鉱山]

●コバルト華（Erythrite）

硬度 1.5-2.0　比重 3.2

ワインレッドの華やかな色あい。針状結晶の放射状集合体をつくることがある。コバルト鉱物の分解による二次鉱物。[モロッコ、ブーアズール]

● ニッケル

元素記号 **Ni**
原子番号 **28**

Nickel

10族

それに俄かに雲が重くなったのです。
（卑しいニッケルの粉だ。淫らな光だ。）
その雲のどこからか、雷の一切れらしいものが、がたっと引きちぎったやうな音をたてました。

『ガドルフの百合』

『ガドルフの百合』は青年ガドルフの旅の一夜の物語です。夕方になると急に大雨が降りはじめたので、歩き疲れたガドルフは無人の家に入ります。窓の外には10本ほどの白い百合の花が咲き、雨風に大きくゆれています。「おれの恋は、いまあの百合の花なのだ。砕けるなよ」と願いますが、1本の百合の花が折れてしまいます。眠りに落ちたガドルフは、2人の男が格闘する夢を見て目を覚まします。嵐は過ぎ去り、窓の外には残りの百合の花が嵐に負けずに咲いていました。ガドルフは「おれの百合は勝ったのだ」と知り、次の町へ向けて出発します。

大雨が降りはじめる場面で、賢治は重い雲にさえぎられた光をニッケルの粉とあらわし、その光を卑しいとしています。銀白色の光沢ある金属のニッケルですが、賢治は『GERIEF印手帳』にも、「ニッケルの時計　もてるは更に　いやしといへけり」と書いています。

原子量 58.6934　遷移金属

元素の豆知識

紀元前3世紀ころ、すでに中国や中央アジアではニッケルを含む鉱物が使われていました。昔のドイツでは、銅を含んでいない鉱石から銅を取りだそうとして失敗を繰り返していました。うまくいかないのは、この鉱山の悪霊ニックのせいだとして、この鉱石をクップフェルニッケル（悪魔の銅）とよびました。1751年スウェーデンのクロンステッドは、実験を繰り返しクップフェルニッケルからニッケルとヒ素の化合物を取りだすことに成功しました。これが、ニッケル発見の最初でした。

クップフェルニッケルは紅砒ニッケル鉱NiAsだったのです。よく知られている「ステンレス鋼」は、鉄とニッケルとクロムの合金で、ニッケルと銅の合金（白銅）は、日本では50円や100円の硬貨に使われています。

ニッケル合金は肌に触れると、アレルギー反応を起こすことがあります。

「これはアメリカ製でホックスキャッチャーと云ひます。ニッケル鍍金でこんなにぴかぴか光ってゐます。ここの環の所へ足を入れるとピチンと環がしまって、もうとれなくなるのです。もちろんこの器械は鎖か何かで太い木にしばり付けてありますから、実際一遍足をとられたらもうそれきりです。けれども誰だってこんなピカピカした変なものにわざと足を入れては見ないのです。」
『茨海小学校』

偶然にキツネの小学校に入り込んだ「私」が、「修身と護身」の授業を参観する場面です。「正直は最良の方便なり」と黒板に書かれた格言を説明した先生は、人間がしかけるキツネのわなを実際にキツネの生徒たちに見せて、くわしく説明しています。

ニッケルメッキとは、鉄板などの表面にニッケル金属のうすい膜をかぶせたもので、鏡のように輝きます。装飾品などの表面を加工するために使われます。

先生は、キツネなら子どもだってこんなピカピカした変なものに、だまされませんよ、といいたいようです。人間をばかにした先生の言葉に、キツネの子どもたちは、どっと笑います。

ニッケル

珪ニッケル鉱（Garnierite）

硬度 2-3　比重 2.5-3

ニッケルを含む蛇紋石グループの鉱石名。緑色。重要な産地はニューカレドニアが有名。[ニューカレドニア]

紅砒ニッケル鉱（Nickeline）

硬度 5.5　比重 7.7-7.8

ニッケルとヒ素の化合物で銅に似た色合い。15世紀のドイツでは期待した銅が含まれず、クップフェルニックル（銅の悪魔）とよばれた。[兵庫県夏梅鉱山]

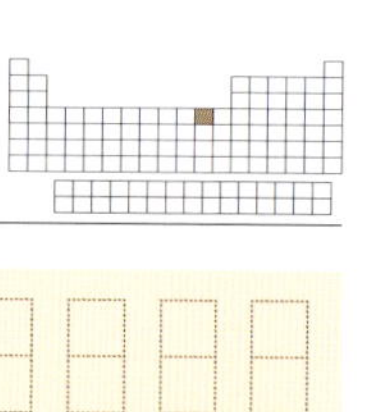

銅

元素記号 Cu
原子番号 29

Copper

11族

風が吹き風が吹き
残りの雲にも風が吹き
（中略）
はんの木の花をどるをどる
（塩をたくさんたべ
水をたくさん呑み
塩をたくさんたべ
水をたくさん呑み）
東は青い銅のけむりと
いちれつひかる雲の乱弾

『春と修羅 第二集』 三二六 風が吹き風が吹き 一九二五、四、二〇、

ハンノキは、カバノキ科の落葉する背の高い木です。日本の湿気のある山野にはえています。冬の2～3月ごろ、枝先に暗紫褐色の雄花が長くたれ下がり、丸く小さな雌花は雄花の枝の元につきます。冬の寒い日、風が強く吹き、雲がちぎれて飛んでいき、大きなハンノキがゆらゆらゆれ、枝先の花も風に揺られています。東の方角にたった青い煙を、賢治は、青緑色の銅鉱石や青緑に輝く銅の炎色反

原子量 63.546　遷移金属

元素の豆知識

銅と人類の関係は約1万年前にはじまり、およそ5000年前には銅とスズを混ぜた「青銅」が使われていました。元素名は、古代の銅の産地がフェニキアのキプロス島（Cyprus）にあったことが元になっていると考えられています。銅は自然銅、黄銅鉱、赤銅鉱、藍銅鉱や孔雀石などに含まれ、第11族元素のなかではもっとも豊富な元素です。銅は熱と電気伝導性が高いため、電線や電気回路などに広く利用されています。銅と亜鉛の合金は「真鍮」とよばれ、さびにくく加工しやすいため、金管楽器や食器、仏具などに使われています。また、銅イオンは私たちの身体の必須元素です。大人の身体には、約100ミリグラムの銅が含まれ、おもに脳や肝臓、腎臓に、また血液や胆汁にも含まれています。

エビ・カニなどの節足動物やタコ・イカなどの軟体動物は、銅を含むヘモシアニンというタンパク質を用いて呼吸しています。

応に重ね、その美しさを動き回る雲とともに立体的に描いています。

> 草には露がきらめき花はみな力いっぱい咲きました。その東北の方から熔けた銅の汁をからだ中に被ったやうに朝日をいっぱいに浴びて土神がゆっくりゆっくりやって来ました。いかにも分別くささうに腕を拱きながらゆっくりゆっくりやって来たのでした。
>
> 『土神ときつね』

粗野で乱暴な土地の神は、野原に立つ、きれいな女の樺の木に心惹かれていました。ところが樺の木は、気取り屋でやさしい狐のほうを好きなようなのです。ある秋の日、土神は上機嫌で樺の木に言葉をかけます。そこへ狐が訪れ、樺の木に本を渡して立ち去ります。狐の赤革の靴が光ったのを見た瞬間、むらむらと怒った土神は、狐を追いかけ殺してしまいます。土神は、狐がカモガヤの穂とハイネの詩集しかもっていないと知り、声をあげて泣きだします。

この一節は、朝日をうけて赤銅色にみえる土神のすがたを、溶けた銅にたとえてあらわしています。自然に存在する銅は、赤橙色をした金属ですが、空気中に曝されると赤みがかった色に変化します。賢治は、自然銅の特徴をよくつかんでいます。

銅

●藍銅鉱（Azurite）　硬度 4　比重 3.8

単斜晶系の美しい青色の炭酸塩鉱物のひとつ。銅の二次鉱物。古くから岩絵具に利用。［中国］

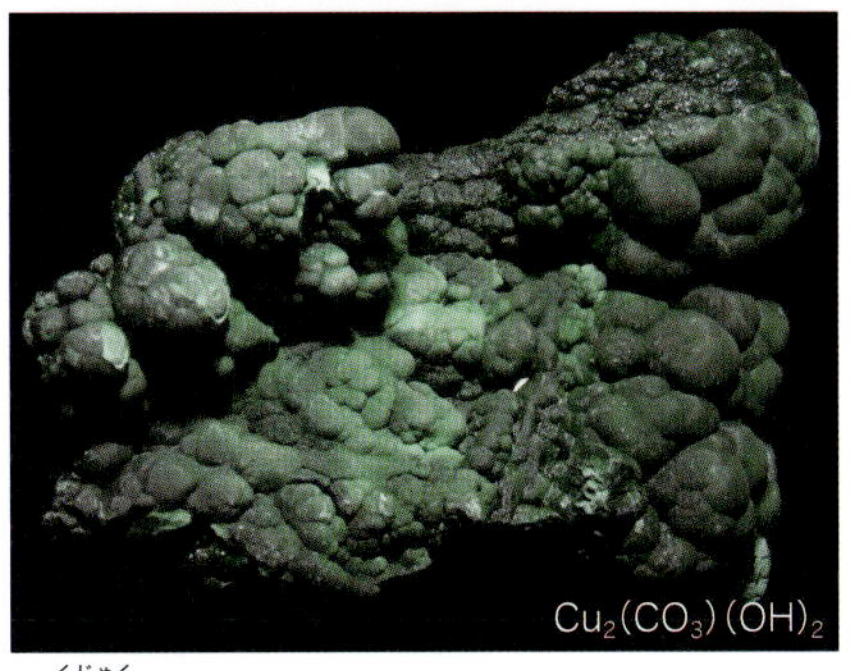

●孔雀石（Malachite）　硬度 3.5-4.0　比重 3.6-4.0

緑の縞模様が美しい鉱物。名前は、クジャクの羽根を想像させることに由来。銅の二次鉱物。桃山時代、江戸時代の屏風や襖に描かれた木や草の緑の顔料として使われた。［コンゴ、カタンガ］

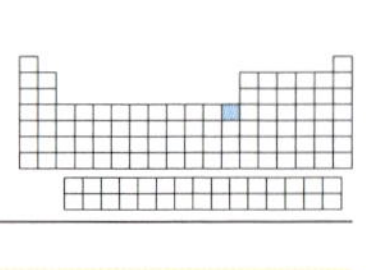

● 亜鉛

元素記号 **Zn**
原子番号 **30**

Zinc

12族

七つ森のこつちのひとつが
水の中よりもつと明るく
そしてたいへん巨きいのに
わたくしはでこぼこ凍つたみちをふみ
このでこぼこの雪をふみ
向ふの縮れた亜鉛の雲へ
陰気な郵便脚夫のやうに
（またアラツデイン　洋燈とり）
急がなければならないのか

『春と修羅』屈折率　一九二二、一、六

詩「屈折率」は、1922（大正11）年1月6日に書かれました。前年の1月に賢治は突然東京へ家出しましたが、妹トシが発病し3月に退院したトシと花巻に帰りました。12月には稗貫（花巻）農学校の教師になります。このような状況で書かれたのが「屈折率」です。屈折とは、光の進路を変化させる仕組みです。詩の前後で、明から暗へと変化していることが読み取れます。「縮れた亜鉛の雲」をあらわす鉱物は、閃亜鉛鉱で、賢治のこれからの苦しさと深さを暗示しているようです。郵便脚夫とは、郵便を配達して回る人であ

原子量 65.409　金属元素

元素の豆知識

亜鉛は古くから知られ、銅と亜鉛をあわせた合金「真鍮」は紀元前4000年ころから利用されていました。金属亜鉛を発見して広めたのは、ドイツのマルクグラーフとされています（1746年）。亜鉛の錆が表面をおおう被膜をつくり、なかの鉄がさびるのを防ぐため、鉄板の表面に亜鉛メッキをした「トタン」は、屋根や雨どいに使われています。

亜鉛イオンは電子を放出しやすくイオン化傾向が大きいため、マンガン乾電池やアルカリ電池に、また、ボタン式電池ともよばれる亜鉛空気電池に使われています。

私たちの身体にとって亜鉛は必須元素のひとつで、多くのタンパク質や酵素に含まれています。亜鉛が欠乏すると、免疫力の低下や味覚異常、貧血や糖尿病になる危険性も高くなるといわれています。

亜鉛を含むタンパク質や酵素は約200種類が知られています。

り、アラツデイン（アラジン）は、賢治が少年時代に愛読したアラビアンナイトの人物です。アラジンがもつ魔法のランプが、賢治の希望をかなえてくれると期待しているかのようです。

凍ったその小さな川に沿って
いくつものさびしい雪のテレースが
日の裏側を
木のないとがった岩頸までつゞけば
天の焦点は雪ぐもの向ふの白い日輪
　つらなる黒い林のはてに
　また亜鉛いろの雪のはてに
　ノスタルヂヤ農学校の
　ほそ長く白い屋根が見える

『詩ノート』一〇一一　ひるすぎになってから

雪が降り、川が凍ってしまう寒さのなかを歩いていくと農学校の白い屋根が見えてきました。あたりは雪で覆われて大きな岩の先端だけが顔を出し、太陽も雪でただ白い輪のようにしか見えません。後ろには黒い林が広がっている荒涼とした風景で、雪は亜鉛色です。金属亜鉛は光沢をもち、すこし青味を帯びた銀白色をしています。

亜　鉛

紅亜鉛鉱（Zincite）　硬度 4　比重 5.66-5.69

六方晶系。暗赤色、オレンジ色、黄色。特殊な変成岩中の亜鉛鉱床で産出される。アメリカ、ニュージャージー州フランクリン鉱山が有名。

閃亜鉛鉱（Sphalarite）

硬度 3.5-4.0　比重 4.2

亜鉛の硫化物で亜鉛の原料鉱石。四面体型結晶。鉄を多く含むと真っ黒で、少ないと黄褐色。赤色で透明なものをルビーブレンドという。［岐阜県神岡鉱山］

> 楊がまっ青に光ったり、ブリキの葉に変ったり、どこまで人をばかにするのだ。殊にその青いときは、まるで砒素をつかった下等の顔料のおもちゃぢゃないか。
>
> 『ガドルフの百合』

旅人ガドルフは陶器のような白い空の下、楊（柳）の並木を疲れて歩いていますが、雲行きがどうやら怪しくなってきました。そんなときは、なんでもが腹立たしくなるものです。本来なら美しい柳の葉が青く、またブリキのように見えるのです。ブリキは、スズをめっきした鋼板です。缶詰やかつては玩具のおもな材料でした。ヒ素を含む鉱物に青いものはありませんが、賢治の好きな炎色反応ではヒ素は淡青色を示します。ヒ素は昔から毒性の強い鉱物として知られていたので、賢治はこれを下等とよんでいるのです。

> 夏の稀薄から却って玉髄の雲が凍える
> 亜鉛張りの浪は白光の水平線から続き
> 新らしく潮で洗ったチークの甲板の上を
> みんなはぞろぞろ行ったり来たりする。
> 中学校の四年生のあのときの旅ならば
> けむりは砒素鏡の影を波につくり

原子量 74.922　半金属

元素の豆知識

ヒ素は13世紀にドイツのマグヌスにより単離されました。ヒ素は、歴史上の暗殺やミステリー小説の殺人の手段としてもっともよく登場します。ヒ素中毒は、嘔吐や下痢、腹痛などを起こし、ひどい場合はショックによって死にいたることもあります。ヒ素を含む鉱石には、「黄色の顔料」として元素名の由来にもなっている雄黄（As_2S_3）や赤い鶏冠石（As_4S_4）などがあります。

ヒ素は産業にも欠かせません。ガリウムとの化合物ガリウムヒ素は、赤色・赤外光の発光ダイオード、半導体レーザー、携帯電話などに利用されています。

ヒ素の毒性を利用した薬もよく知られています。かつて使われていた梅毒の特効薬サルバルサンは、有機ヒ素化合物です。現在使われている薬は、急性前骨髄球性白血病の治療薬である三酸化ヒ素（As_2O_3、亜ヒ酸）です。

うしろへまっすぐに流れて行った。
今日はかもめが一疋も見えない。

『春と修羅 補遺』津軽海峡

賢治は、盛岡高等農林学校の5年生の大正8（1919）年8月ごろ、「うちゆらぐ　波の砒素鏡つくりつゝ　くろけむりはきて船や行くらん」という短歌をつくっています。そして『春と修羅』を大正13（1924）年4月に出版しましたが、その前の1923年8月1日に、この「津軽海峡」をつくっています。妹のトシが亡くなった翌年です。津軽海峡は暖流と寒流がぶつかり合い、二つの異なる潮が合流していくところです。夏に、津軽海峡を船で渡っている様子を楽しく描いています。

ヒ素は、金属光沢をした灰色の結晶です。「砒素鏡」は、微量のヒ素を分析するときに、ガラス管の上につくられる真っ黒な鏡をさしています。船の黒い煙が波の表面にうつり、真っ黒な鏡のように見える様子を描いています。

As

●自然ヒ素（Arsenic）

硬度 3.5　比重 5.7

灰色～黒色の元素鉱物。金平糖のような形で「金平糖石」ともよぶ。安定で金属光沢があるため、金属ヒ素ともいう。[福井県赤谷鉱山]

ヒ素

●鶏冠石（Realgar）　硬度 1.5-2.0　比重 3.6

ニワトリのトサカのように鮮やかな橙赤色が名前の由来。硫化鉱物。長時間光に当たると分解する。[群馬県西ノ牧鉱山]

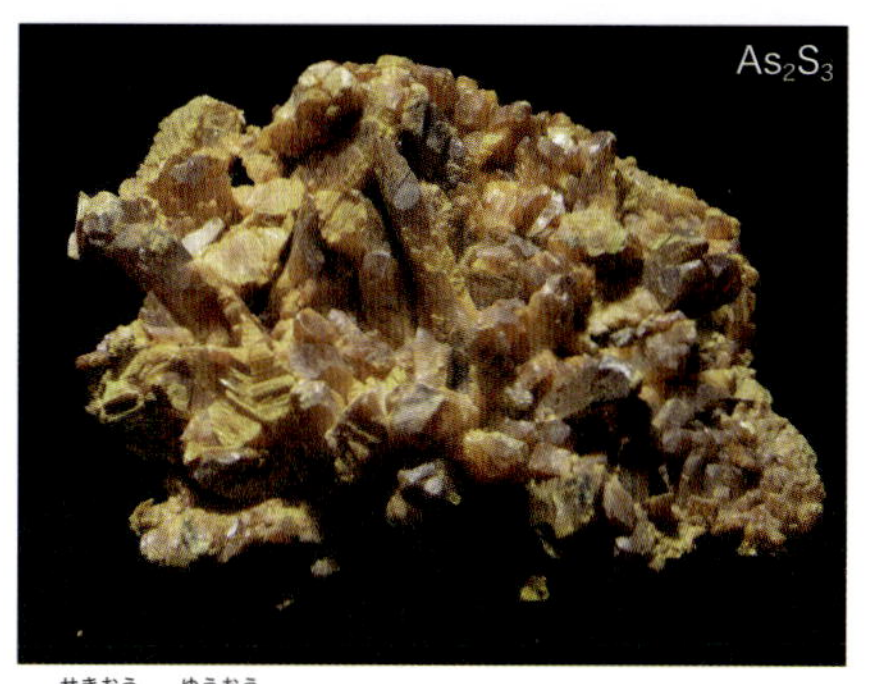

●石黄（雄黄）（Orpiment）

硬度 1.5-2.0　比重 3.5

濃黄色の柱状、板状結晶のかたまり。鉱脈や噴気孔に生成。[中国]

セレン

元素記号 Se
原子番号 34
Selenium
16族

就中最注意ヲ要スルモノ次ノ如クニ御座候
之等ハ最小規模ニノミ産シ而モ次第ニ本県内ニテ問題ト
ナルベク候
ヴナデイム　ウラニウム　（鉄工業ソノ他ニ用フ。）
タングステン、（ヲルフラム）（鉄工業、電気工業）
チタニウム
錫
タンタラム（電燈用ソノ他）
テルリウム
セレニウム（電子工業）
白金、
ウラニウム、
イリヂウム
オスミウム
砒素
之等ハ定性分析及検鏡ニヨリテノミ発見セラルベク候

『大正七（一九一八）年六月二十二日　宮沢政次郎あて封書』

セレン（セレニウム）は硫黄に似て多くの同素体があります。同

原子量 78.96　半金属

元素の豆知識

セレンは酸化数によって灰色、黄色、赤色を示すため、発見者のスウェーデンのベルセーリウスは、1817年にギリシャ語の月 selene にちなんでセレンと名づけました。セレンは同族で1周期上の硫黄とよく似た化学的性質をもっています。

人や動物が多量を口にすると強い毒性を示しますが、私たちの身体に必要な必須微量元素でもあります。セレンは細胞を守る抗酸化酵素の活性中心に存在し、細胞を傷つける過酸化水素を酸素と水に分解する役割をしています。

工業的には、夜間撮影用のカメラのレンズやコピー機、ガラスの着色剤（赤、ピンク、オレンジ）に利用されています。体内に吸収されない程度のごく少量のセレンを加えたシャンプーやイヌ用の皮膚病用軟膏にも使われています。

素体とは、同じ元素から構成される単体で、化学的性質がちがうもののことをいいます。もっとも安定なのは黒～灰色の六方晶系の金属セレンです。

父に宛てた手紙のなかで賢治は、セレンに（電子工業）と書いています。セレンが将来電子工業に役立つことを勉強して知っていたのでしょうか？

賢治は、盛岡高等農林学校時代や研究生時代に学んだ岩石や鉱物をあつかう仕事につきたいが、この仕事は「山師」のようなことが多く、最初からこの職業につくことはできないと父に訴えています。「山師」とは鉱山の発掘や鉱脈を探す人のことです。鉱山の開発には、莫大な費用と時間がかかります。目的の鉱物や岩石が必ず出るとも限りません。賢治は、将来はそのような仕事にいきなりつくのは無理だと思ったのでしょう。最初は副業としてセメントの原料や石灰を掘って売るとか、小さな規模の精錬ならできるかもしれないと伝えています。

最後に、セレンの工業的な利用を紹介しましょう。金属のセレンは、強い光を当てると電気伝導性が約1000倍大きくなります。これを利用して光電池や光度計、太陽電池、コピー機の感光部に用いられています。電子機器用には高純度（99・99％）のセレンが使われています。

セレン

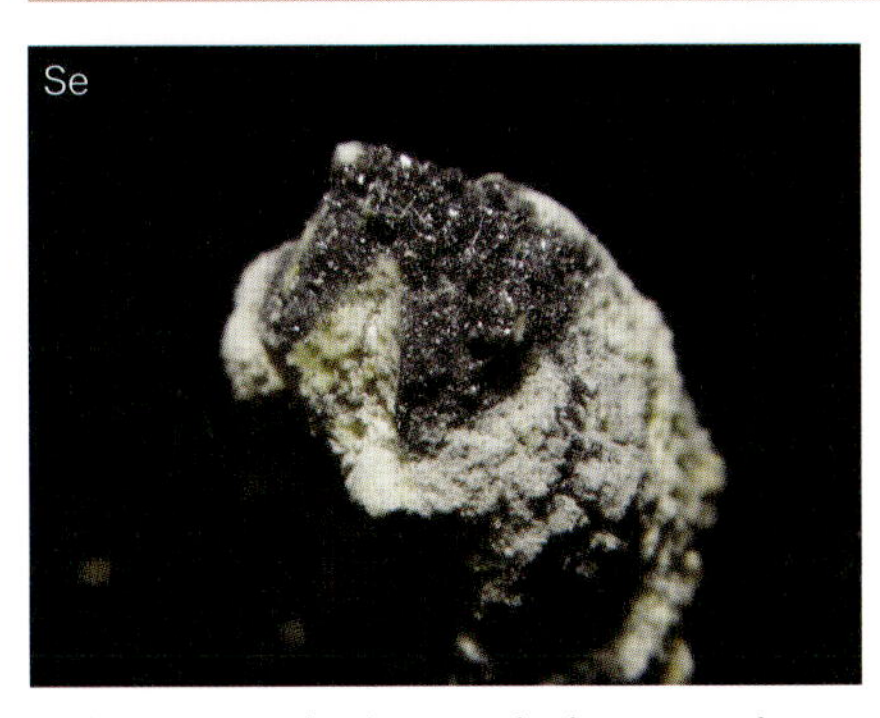

●自然セレン（灰色セレン）(Selenium)
硬度 2　比重 4.8

常温で安定なのは六方晶系で、鎖状構造をもつ灰色セレン。金属セレンともいう。［ニカラグア］

●ベルセリウス鉱（セレン銅鉱）(Berzelianite)
硬度 2.7　比重 6.7

セレンを発見し、Seの元素記号を提案したベルセーリウスにちなみ鉱物名がつけられた。［ドイツ、ハルツ山地］

モリブデン

元素記号 Mo
原子番号 42
Molybdenum
6族

九月一日
「何の用で来たべ。」
「上の野原の入口にモリブデンといふ鉱石ができるので、それをだんだん掘るやうにする為ださうです。」
（中略）
「モリブデン何にするべな。」
「それは鉄とまぜたり、薬をつくったりするのださうです。」

九月十二日、第十二日
「何して会社で呼ばったべす。」一郎がきゝました。
「こゝのモリブデンの鉱脈は当分手をつけないことになった為なそうです。」
「さうだないな。やっぱりあいづは風の又三郎だったな。」嘉助が高く叫びました。

『風の又三郎』

全校生徒48人の小学校に、9月1日の朝、4年生の転校生・高田三郎がやってきます。三郎は赤い髪の毛をしており、父親はモリブ

原子量 78.96 遷移金属

元素の豆知識

鉛筆の芯の材料である石墨のように、触ると手につくほどやわらかい輝水鉛鉱molybdeniteから、スウェーデンのシェーレは1778年に酸化モリブデンを発見しました。シェーレの友人イエルムは1781年に新元素だけを取りだし（単離）、鉱石名を元にしてモリブデンと名づけました。

鉄にクロムとモリブデンを加えたクロムモリブデン鋼は強度が高いため、航空機やロケット、自動車、ボルトやナットの材料には欠かすことができません。

モリブデンはマメ科の植物で空気中の窒素を取り込む根粒菌のニトロゲナーゼという酵素が基質と結びつく部位（活性中心）にあり、窒素をアンモニアに変える働きをしています。モリブデンは必須元素です。キサンチンオキシダーゼや亜硫酸酸化酵素の活性中心として、重要な働きをしています。

デン鉱石の採掘の仕事をしています。三郎に「風の又三郎」というあだ名がつきました。毎日、楽しいことや不思議なことがあり、みんな又三郎と遊び回ります。9月12日月曜日、一郎と嘉助が雨風にびしょ濡れになりながら学校へ行くと、モリブデンの鉱脈にしばらくは手をつけなくなったという父親の仕事の都合で又三郎は転校していました。

鉄とモリブデンの合金は、フェロモリブデンといい、合金の製造や溶接、有機合成反応の触媒などに用いられています。モリブデンは植物にとっても必須元素なので、現在ではモリブデン酸のナトリウム塩やアンモニウム塩の形で、肥料として販売されています。鉱物の発見、その利用法や肥料に高い関心をもっていた賢治ならではの想定かもしれません。

紹介

モリブデン稼行するとて
社の命に父来たり住す

『創作メモ　18』

賢治は「風の又三郎」の「創作メモ」を残しています。「稼行」とは採掘のことです。又三郎の父が、会社の命令で、モリブデン鉱石を採掘できるかを探るために来て、ここに住むと設定しています。

モリブデン

輝水鉛鉱（Molybdenite）

硬度 1　比重 4.6-4.8

モリブデンの原料鉱石。触ると手につくほどやわらかい。セロファンで層状にはがすことができる。六角板状結晶。油に混ぜて潤滑材に利用。[岐阜県平瀬鉱山]

水鉛鉛鉱（Wulfenite）

硬度 2.5-3.0　比重 6.5-7.0

黄鉛鉱ともいう。モリブデンの二次鉱物。正方晶系。英語名は、オーストリアの鉱物学者F.ウィルフェンにちなむ。[メキシコ]

ロジウム

元素記号 Rh
原子番号 45
Rhodium
9族

ぎらぎらひかるかげろふが
雪でたまった沼気や酸を
せはしくせはしく掃くのです
・・・手袋はやぶけ
肺臓はロヂウムから代塡される・・・

『春と修羅』異稿　三一七　清明どきの駅長　先駆形　一九二五、四、二一、

すがすがしく明るく美しい清明といわれる4月5日ごろのことです。まだ積もった雪が残っていますが、太陽が降り注ぎ、ぎらぎらと陽炎が立ちはじめています。その陽炎が、沼などにたまっている有機物の腐敗・発酵によってつくられる気体（メタンなど）や酸を拭き払うのです。代塡は置き換えることです。

ロジウムは、1803年にウィリアム・ウォラストンによって白金鉱石から発見され、ギリシャ語でバラ色を意味する *rhodeos* から名前がつけられました。

ロジウムの塩の水溶液はバラ色（暗赤色）です。肺は血液を多く含み、バラ色に近い色をしています。ロジウムで肺を置き換えてしまおうといっています。

ロジウム　原子量 102.906　遷移金属

元素の豆知識

イギリスのウォラストンは、1803年に白金鉱を王水（濃塩酸と濃硝酸を3：1で混ぜたオレンジ色の液体）に溶かして、白金やパラジウムを取りのぞき、新元素の塩化物を取りだしました。

ロジウムは王水に溶けません。電気抵抗が少なく電気をよく通すため、工業製品には重要な元素です。ロジウム・白金・パラジウムからなる三元触媒は、ガソリン車やディーゼル車の有害排気物を無害なものに変える触媒コンバータに使われています。この触媒が、排気ガスに含まれる炭化水素を水と二酸化炭素に、一酸化炭素を二酸化炭素に、窒素酸化物を窒素と酸素に分解します。

(Ru,Rh,Pd,Os,In,Pt)

▲砂白金
(Platinum sand)
砂白金は、川や川床であったところからとれる白金族元素を含む鉱石。黒色鉱物は磁鉄鉱などの重鉱物。[北海道夕張川]

気体元素の発見と近代科学の幕開け

木の精から気体へ

気体という考え方は、17世紀はじめのベルモントからはじまりました。62ポンドの木を燃やしたところ、わずか1ポンドの灰が残りました。そこで、木が変化したのは「木の精」だと信じ、これを「気体」と名づけたのです。

気体の研究は、イギリスのボイルからはじまりました。1671年、鉄片を酸溶液に入れると、鉄は音をたてて踊りだし、煙がでます。そこに火のついたロウソクを近づけると、煙に火がつき、炎となって爆発しました。

100年後の1776年、キャヴェンディシュは、煙を集め、「重さ」をはかり、空気より軽い物質を発見しました。この「可燃性気体」が「水素」であることを証明しました。命名は、フランスのラボアジェでした。

1771年シェーレは、マンガン鉱石を濃硫酸に溶かして加熱し、発生する気体を集めてロウソクの火に気体を吹きつけ、明るく輝くことを発見しました。その2年後、プリーストリーは酸化水銀に太陽光をあてて気体を集めました。この気体を吸うと、胸が軽くなり呼吸が楽になりました。これを「酸素」と名づけたのもラボアジェでした。

質量保存の法則

水素と酸素を混ぜて電気火花を飛ばすと爆発が起こって水ができることは、キャヴェンディシュが見つけ、ラボアジェがこれを確認しました。物質どうしが反応し化合物ができるという質量保存の法則にはじめて気づいたのです。こうして、フロギストン説は1783年に消えました。このため、ラボアジェは近代化学の父といわれています。

18世紀後半から19世紀前半にかけて、鉱物を化学的に分析したり、いろいろな物質と反応させたりすることで、30種以上の元素が発見されました。

ラボアジェは、1789年に『化学原論』を発表し、33項目の単一物質（元素）からなる「元素表」を示しました。そのなかには、現在では元素としてあつかわれない光、熱素、土、ホウ酸の4つが含まれていました。

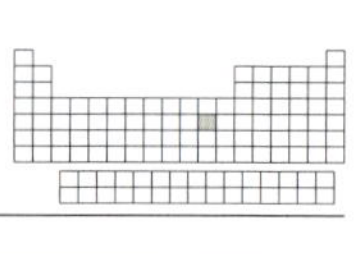

● 銀

元素記号 **Ag**
原子番号 **47**

Silver

11族

> 小さいときのことですが、ある朝早く、私は学校に行く前にこっそり一寸ガラスの前に立ちましたら、その蜂雀が、銀の針の様なほそいきれいな声で、にはかに私に言ひました。
> 「お早う。ペムペルといふ子はほんたうにいゝ子だったのにかあいそうなことをした。」
>
> 『黄いろのトマト』

『黄いろのトマト』は、果樹園で暮らしている仲のよいペムペルとネリの兄妹の物語です。二人が植えたトマトの1本に黄色いトマトの実がなります。まばゆく光るトマトを、2人は黄金だと思います。そんな時、風に運ばれてきた音に誘われて2人はそのほうへかけていきます。四角い家のなかで楽隊が演奏しており、みんながお金を番人に渡してそのなかへ入っていきます。ペムペルは果樹園に戻り、黄色のトマトをもってきて番人に差しだしますが、番人は罵声を浴びせて黄色のトマトを2人に投げつけます。逃げ出した2人は、泣きながら家に帰りました。

この話をする蜂雀のソプラノの針のような響きを、賢治は輝く銀の細い針で表現しています。

原子量 107.868　遷移金属

元素の豆知識

銀は紀元前2000年ころから、装飾品や貨幣として人々の生活に取り入れられていました。元素記号はラテン語の銀 *argentum*（アルゲントゥム）やギリシャ語の輝く *argyros*（アルギュロス）によると考えられていますが、英語名 silver（シルバー）の由来は不明です。

銀の皿やスプーンを空気中に置くと黒くなります。これは大気中の硫黄成分と銀が結びついて硫化銀をつくるためです。銀は写真にも使われてきました。「銀塩写真」は、フィルムの表面に臭化銀 AgBr をぬって光を当てると、Br^- の電子が Ag^+ へ移動して銀原子となり、黒くなる反応を利用したものです。

銀イオンは細菌の酵素と結びつき、酵素の働きを止める作用があります。この力を利用し、菌が増えないようにする抗菌剤や殺菌剤などに使われています。

銀の微塵のちらばるそらへ
たったいまのぼったひばりなのだ
『春と修羅』小岩井農場　パート一

硝酸銀溶液に銅片をつるしておくと、銅がイオンとなって溶け出し、銅片の表面には銀が細かな結晶状になってくっつきます。その溶液を棒でかき混ぜると、銅片についていた銀の結晶が、細かなダイヤモンドのように輝きながら溶液中に広がります。賢治は銀色に輝くひばりが大空に舞い上がっていく様子を、美しい詩にしました。固体の金属がイオンになりやすさを示す目安は、イオン化傾向とよばれます。イオン化傾向：Ｈ＞Cu＞Hg＞Ag＞Pt＞Au。銅（Cu）は銀（Ag）よりも、イオンになりやすいことがわかります。

するとある年の秋、水のやうにつめたいすきとほる風が、柏の枯れ葉をさらさら鳴らし、岩手山の銀の冠には、雲の影がくつきり黒くうつゝてゐる日でした。
『狼森と笊森、盗森』

小岩井農場の北に住む村人と、狼森、笊森、黒坂森、盗森とのつき合いを、黒坂森の大巌が「私」に語って聞かせる物語です。岩手山の頂きに積った雪を白銀の冠にたとえています。

銀

針銀鉱（Acanthite）　硬度 2.0-2.5　比重 7.2-7.4

銀の原料鉱石。高温（173 ℃以上）では等軸晶系で輝銀鉱に、低温では単斜晶系で針銀鉱に結晶する。［静岡県清越鉱山］

自然銀（Silver）　硬度 2.5-3.0　比重 10.0-11.0

銀は硫黄と結合しやすい。鉱床酸化帯や熱水鉱脈では単体で産出。樹の枝やひげのような形で結晶。やわらかく、削ると銀白色となる。［北海道豊羽鉱山］

●スズ

元素記号 Sn
原子番号 50
Tin
14族

あけがたになり
風のモナドがひしめき
東もけむりだしたので
月は崇厳なパンの木の実にかはり
その香気もまたよく凍らされて
はなやかに錫いろのそらにかゝれば
白い横雲の上には
ほろびた古い山稜の像が
ねずみいろしてねむたくうかび
ふたたび老いた北上川は
それみづからの青くかすんだ野原のなかで
支流を納めてわづかにひかり

『春と修羅 第二集』七三 有明

賢治は、大正13年4月19日の夜から北上の山のなかを歩きはじめ、翌日の未明に、北上川とその下流に広がる盛岡の町を見下ろす稜線にさしかかりました。視界が急に開け、夜はいまにも明けようとして、東の空がけむりだしています。モナドは、ドイツの哲学者ライプニッツによる考え方です。現実に存在するものをそれが構成して

原子量 118.71　金属

元素の豆知識

スズは鉄や銅とともに古代から人類が利用してきた元素で、その元素記号はラテン語の *Stannum* に由来しています。スズと銅との合金「青銅」は金属を用いる文明のはじまりをつくりました。

スズの原鉱石は錫石。単体のスズは、日本では「しろなまり」とよばれていました。スズは、自然界に放射能をもたない10種類の安定同位体（同じスズでも中性子の数がちがう原子）が存在します。

スズはいろいろな金属と合金をつくります。スズと鉛の合金は「はんだ」、薄い鉄板をスズでメッキしたものは「ブリキ」とよばれます。スズとアンチモンの合金ピューターは、高級食器に使われています。

酸化スズは透明で、電気を通す電気伝導性が高いため、ガラス表面に酸化スズの膜をかぶせた「伝導ガラス」として、航空機や自動車の窓に氷結防止のために使われています。

いるものへと分けていくと、それ以上分割できない実体に到達すると考えました。これがモナド、単子です。賢治はこの考え方を使っています。風も、単に空気がゆらめいているのではなく、風のモナドがひしめきあって動いていると考えました。

錫いろは、白みを帯びたねずみ色。ぎんねずともいいます。落ち着いた華やかさがあるので、賢治は冬の空をあらわすために錫いろという表現を用いたのです。

北上川第一夜
錫の夜の
北上川にあたふたと
あらわれ燃ゆる
いさり火のあり

『歌稿』大正八年八月より

錫の代表的な鉱石は錫石で、酸化スズからできています。赤褐色または黒褐色で、表面がなめらかに光る柱状の結晶です。北上川の暗い夜にいさり火がゆらゆらとゆれている光景を見た賢治は、光のなかに置いた錫石を思ったのでしょう。

スズ

錫石（Cassiterite）

硬度 6.0-7.0　比重 6.8-7.1

スズの酸化物で、スズの原料鉱石。赤褐色や灰黒色で、金属光沢。木目模様をつくる。［中国］

▲錫製コップ（Tin cup）

ドイツ製。チンワルドは古くから錫の産地。図柄はベートーベン。

テルル

元素記号 Te
原子番号 52
Tellurium
16族

就中最注意ヲ要スルモノ次ノ如クニ御座候
之等ハ最小規模ニノミ産シ而モ次第ニ本県内ニテ問題ト
ナルベク候

ヴナデイム　ウラニウム　（鉄工業ソノ他ニ用フ。）
タングステン、（ヲルフラム）　（鉄工業、電気工業）
チタニウム
錫
タンタラム（電燈用ソノ他）
テルリウム
セレニウム（電子工業）
白金、
ウラニウム、
イリヂウム
オスミウム
砒素
之等ハ定性分析及検鏡ニヨリテノミ発見セラルベク候

『大正七（一九一八）年六月二十二日　宮沢政次郎あて封書』

賢治は、東北地方の地質調査をしていたので、鉱物の分布もよく

原子量 127.6　半金属

元素の豆知識

1872年オーストリアのミュラーは、金を含む鉱石から新元素らしいものを発見しました。1789年になり、ドイツのクラップロートは金鉱石から新元素だけを取りだし（単離）、ラテン語の大地 *tellus*（テルース）にちなんでテルルと名づけました。同じころに、ハンガリーのキタイベルも輝水鉛鉱からテルルを発見しましたが、結果を発表しなかったため、発見者には加えられていません。テルルが硫黄やセレンとよく似た元素であることを示したのは、スウェーデンのベルセーリウスでした（1832年）。

テルルは陶磁器やガラスの赤や黄色の着色に使われます。

テルルとゲルマニウム、アンチモンとの硬い合金は、レーザー光を当てるとやわらかいアモルファス（非晶系）へと変化します。この性質を利用したのが、書きかえができるDVDなどの光ディスクです。

知っていたのでしょう。テルルを英語読みしてテルリウムと書いています。日本国内のテルル鉱物は、北海道手稲鉱山や静岡県河津鉱山が知られており、自然テルルやテルルも産出しています。日本のテルル産出は、世界の第5位を占めているほどです。

テルルの用途は狭いようですが、太陽電池や各種電子部品の材料など先端工業に欠かせない存在で、希少金属（レアメタル）のひとつとなっています。

賢治は、この手紙のなかに、岩手県内で産出する見込みのある土や石をあげています。そしてテルルなどの元素は、定性分析および検鏡によってのみ発見できると伝えました。テルルは半金属で、鉱物から銅を取りだす精錬の副産物から得られます。テルルが共存する鉱物は、テルル鉛鉱、黄銅鉱、石英、蛍石、正長石などです。賢治の手紙のなかには、「長石」も書かれていました。

ニンニクや玉ねぎなどには、土のなかにあるテルルが凝縮されています。乾燥したこれらには、1キログラム中、300ミリグラムも含まれているのです。

金属テルルに毒性はほとんどありませんが、酸化テルルである亜テルルナトリウム（Na_2TeO_3）は有毒で、致死量は2グラムとされています。

テルル

●自然テルル（Tellurium）

硬度 2.0-2.5　比重 6.1-6.3

金銀の鉱脈鉱床で産出。銀白色、針状結晶のかたまり。黄色はテルルの酸化物。［北海道手稲鉱山］

▲テルルの結晶

テルルには、金属テルルと無定形テルルがある。金属テルルは銀白色の結晶（半金属）で、六方晶系をしている。自形結晶は柱状あるいは針状。

ヨウ素

元素記号 I
原子番号 53
Iodine
17族

あやしいそらのバリカンは
白い雲からおりて来て
早くも七つ森第一梯形の
松と雑木を刈りおとし
　野原がうめばちさうや山羊の乳や
沃度の匂で荒れて大へんかなしいとき
汽車の進行ははやくなり
ぬれた赤い崖や何かといつしよに

『春と修羅』風景とオルゴール　第四梯形

「沃度」はヨウ素のことです。常温で暗紫色の金属光沢をもつ結晶で、紫色の蒸気を出して気体になります。少し刺激性のある独特のにおいがします。「沃度」のにおいは、ヨウ素の殺菌作用を利用した殺菌薬・消毒薬のヨードチンキのにおいのことでしょう。

バリカンで刈り取られて梯形（台形）のようになった林にはいつもとちがった花やヤギの乳やヨウ素のにおいがして、野原が荒れてたいへんかなしい姿になってしまったよ、と歌っています。

「おい、おい、やられたよ。誰か沃度ホルムをもってる

原子量 126.904　ハロゲン

元素の豆知識

古代ギリシャや中国では、海藻は甲状腺腫を治すことが知られていたようです。1811年に海藻の灰から新元素を発見したのはフランスのクールトアです。2年後、フランスのゲイ=リュサックとイギリスのデービーが新元素であることを認めました。元素が紫色だったので、ギリシャ語のすみれ色 *iodes*（イオーデス）にちなんで名づけられました。

ヨウ素は殺菌作用や抗ウイルス作用があり、消毒用の「ヨードチンキ」やうがい用の「ルゴール液」として広く使われています。ヨウ素は、甲状腺ホルモンの合成に欠かせない必須元素です。

1936年のウクライナのチェルノブイリ原発事故や2011年の東京電力・福島第一原子力発電所の事故では、放射性ヨウ素131や131が大量に環境中に放出され、問題となりました。

ないか。過酸化水素はないか。やられた、やられた。」そしてべったり椅子へ坐ってしまひました。
わたくしはわらひました。
「よくいろいろの薬の名前をご存知ですな。だれか水を持ってきてください。」

『ポラーノの広場』三　ポラーノの広場

「むかしのほんたうのポラーノ広場」を自分たちの手に取り戻そうとするキューストらが山猫博士らと争うオペラのような物語です。沃度ホルムはヨードホルムのことです。20世紀はじめごろ、ヨードホルムはヨードチンキともよばれ、傷に対する治療や消毒のための医薬品として使われていました。過酸化水素は、殺菌剤、漂白剤としても利用されていますが、ここでは消毒剤として使おうとしています。

ヨウ素は、17族に属するハロゲンのひとつです。銅線を熱し、ハロゲンが含まれる物質を付着させ、炎のなかに入れると緑から青の炎色反応を示します。山の紺色が炎色反応の青を、ヨウ素化合物がヨードホルムのにおいを思い起こさせたのでしょうか。

ヨウ素

▲ヨウ素の結晶

常温で固体となるただひとつのハロゲン元素は、ヨウ素である。たくさんのヨウ素分子（I_2）が分子と分子のあいだの相互作用で結びついて結晶するので、分子結晶という。ヒ素や硫黄、セレンなども安定な分子結晶をつくる。

●ヨウ化銀鉱（Iodargyrite）

硬度 1.5-2　比重 5.7

ヨウ化銀でヨウ素を含む鉱物。やわらかく、ナイフでけずることができる。光が当たると黄緑色から黒色に変化。[オーストラリア、ブロークンヒル]

タンタル

元素記号 Ta
原子番号 73

Tantalum
5族

就中最注意ヲ要スルモノ次ノ如クニ御座候
之等ハ最小規模ニノミ産シ而モ次第ニ本県内ニテ問題ト
ナルベク候

ヴナデイム　ウラニウム　（鉄工業ソノ他ニ用フ。）
タングステン、（ヲルフラム）（鉄工業、電気工業）

チタニウム
錫
タンタラム（電燈用ソノ他）
テルリウム
セレニウム（電子工業）
白金、
ウラニウム、
イリヂウム
オスミウム
砒素
之等ハ定性分析及検鏡ニヨリテノミ発見セラルベク候

『大正七（一九一八）年六月二十二日　宮沢政次郎あて封書』

原子量 180.948　遷移金属

元素の豆知識

第5族のニオブとタンタルは互いによく似た性質を示します。そのため、この両元素の発見には、大きな混乱がありました。タンタルは、スウェーデンのエーケベリがイッテルビー村で見つけたいくつかの鉱物を分析して、1802年に発見しました。その前年に発見されていたニオブがタンタルとよく似た性質のため、同一物とされたのです。

ギリシャ神話の神タンタロスの語源「じらして苦しめる *tantalize*（タンタリゼ）」から、タンタルと名づけられました。両元素の発見の混乱は、1945年にドイツのローゼにより終止符が打たれました。コルンブ石とタンタル石には、ニオブとタンタルが必ず一緒に入っていたのです。

タンタルはコンデンサに使われて電子機器の小型化に役立ち、人工関節にも使われています。

賢治は、タンタルを英語読みしてタンタラム（電灯用その他）と書いていますが、当時は電球のフィラメントに使用されていました。現代の電球には、タングステンが用いられています。その理由は、金属が溶ける温度、融点で比べると、タングステンは３４０７℃、レニウムは３１８０℃、タンタルは２９８５℃だからです。

タンタルは、灰黒色の金属で、薄く広げたり、細く延ばしたりできる希少金属（レアメタル）のひとつです。酸に強く、高温でも強度が大きいので、工業製品をつくるのに重要な元素です。もっともよく利用されるのは、コンデンサの製造です。タンタルコンデンサは小型で、性能が安定しているのでよく用いられています。パソコンや携帯電話など、小さな電子製品には多数のタンタルコンデンサが使用されています。

タンタルはまた、体液と反応しないため人体に無害な金属とされているので、人工骨や人工関節など整形外科用の医療材料、手術用縫合糸、人工心臓の材料、歯のインプラントの土台（フィクスチャー・金属のねじ）の材料にも使われています。

炭化タンタルは、組成式がTaCであらわされるタンタルの炭化物ですが、非常にかたく（モース硬度９〜10）ダイヤモンドと同じくらいであることが知られています。耐火性のセラミック材料や工具の部品として用いられています。

タンタル

鉄タンタル石〔Tantalite-(Fe)〕

硬度 6.0-6.5　比重 8.2

タンタルをおもな成分とするレアメタル鉱物。リチウム電気石やリチウム雲母を含むペグマタイト（花崗岩の一種）鉱床で産出。［フィンランド］

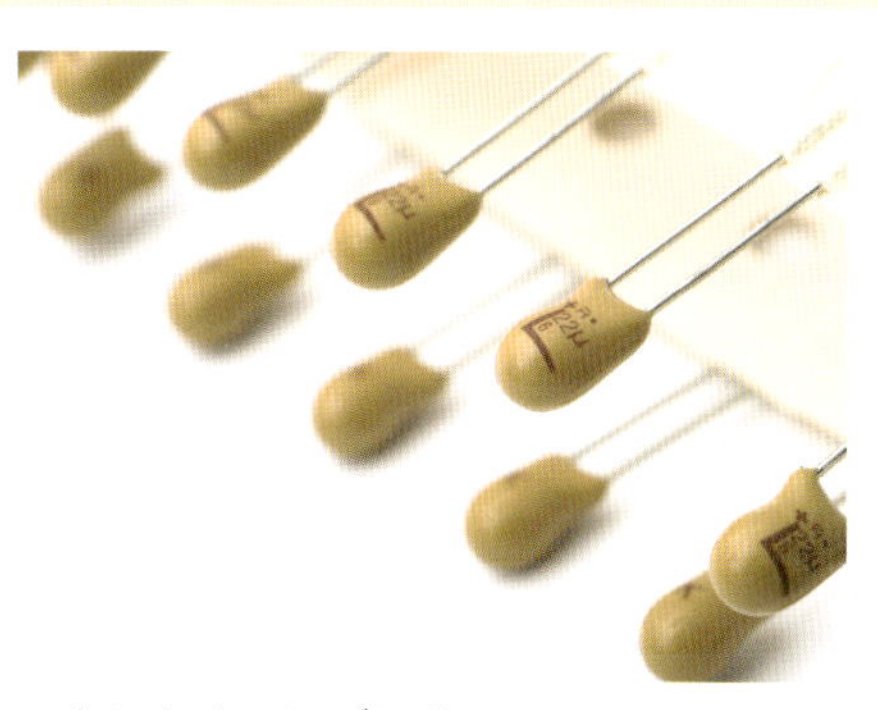

▲タンタルコンデンサ

タングステン

元素記号 W
原子番号 74
Tungsten
6族

しばらくたって若いお父さんは室の中を見まはしながら云ひました。電燈もまるでくらくなつて、タングステンがやつと赤く熱つてゐるだけでした。「まあ、スティームが通らなくなったんですわ。」

『氷と後光（習作）』

雪と月明かりのなかを、汽車が走っています。毛布に包まれた赤ちゃんはすやすやと眠っており、若いお父さんは時計をしまい、若いお母さんは、りんごのようにかがやく子どもの頬を見ています。

汽車の電気と暖房がきれたようです。電灯が急に暗くなり、タングステンランプがもう少しで消えそうです。タングステンは、タングステン製の電球のフィラメントのことです。

金属のなかで、タングステンは固体から液体になる温度が最も高く、金属として比較的大きな電気抵抗をもつので、あたたかい光を放つ電球のフィラメントとして利用されてきました。LEDの普及によりタングステン電球の利用は減ってきています。

▲タングステンランプ

原子量 183.84　遷移金属

元素の豆知識

スウェーデンのシェーレは1781年に鉱石の灰重石から新元素の酸化物を取りだし（単離）、スウェーデン語の「重い石」にちなんでタングステンと名づけました。

一方、スペインのデ・エルアル兄弟は、鉄マンガン重石から新元素を発見しました。この鉱石が混じっているとスズの精製ができなくなるため「スズをむさぼり食う」石、「狼の鉱石 wolfram」とよばれ、それにちなんでウォルフラムと名づけられました。タングステンの元素記号はこのWに由来し、ドイツではウォルフラムとよんでいます。

タングステンはすべての金属でもっとも融点が高く、大きな電気抵抗性をもつため、電球などのフィラメントとして使われています。炭素とタングステンを含む超硬合金は、工業的に重要な役割を果たしています。

細菌のなかには、タングステンを含む酵素をもっているものがあります。

寅吉山の北のなだらで
雪がまばゆいタングステンの盤になり
山稜の樹の昇冪列が
そこに華麗な像をうつし
またふもとでは
枝打ちされた緑褐色の松並が
弧線になってうかんでゐる

『春と修羅　第二集』四〇八　寅吉山の北のなだらで

寅吉山とは、実在の山ではなく、岩手山のことではないかとされています。タングステンは、銀灰色の非常に硬く重い金属です。雪をかぶった山に太陽が照りつけ、まばゆく銀灰色に輝いている様子が、タングステンの大きなかたまりのように見えたのでしょう。

昇冪は数学の用語で、多項式で、ある文字に着目したとき、その文字について次数の低い項から順に並べることです。山の頂上（山稜）の樹々が階段をつくるようにならび、銀灰色の山に影を落とす様子を、賢治は数学の用語であらわしました。山稜の樹の昇冪列や枝打ちされた緑褐色の松並木が、整然とした風景として描かれています。

タングステン

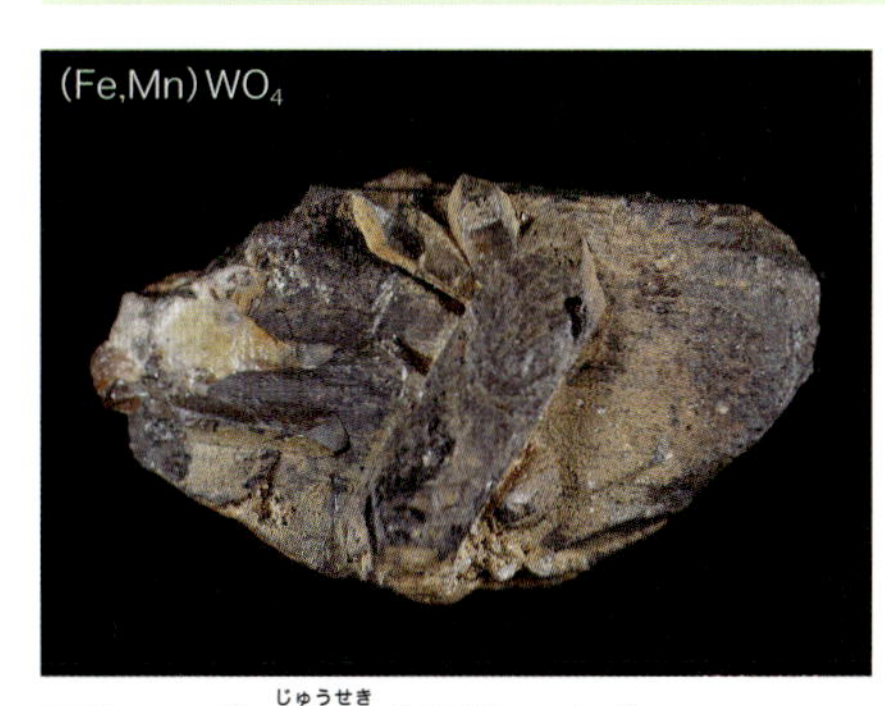

鉄マンガン重石（Wolframite）

硬度 4.5　比重 7.6

灰重石とともにタングステンの鉱石。黒色、板状結晶。［朝鮮半島、金剛山］

灰重石（Scheelite）

硬度 4.0-5.0　比重 5.9-6.1

タングステンの鉱石。無色、白色、黄色の八面体結晶。短波長紫外線を当てると青白色に光る。発見者のスウェーデンの科学者シェーレにちなんで命名された。［京都府大谷鉱山］

オスミウム

元素記号 Os
原子番号 76
Osmium
8族

本日白金線屑を王水に溶解しその残渣を何気なく白金の定性を致し候処白金の反応なく却ってイリヂウム（或はオスミウム）らしき反応を得候

『大正七（一九一八）年六月六日　宮沢政次郎あて封書』

オスミウムは青灰色の金属で、比重22・57、融点3045℃で、沸点は5000℃以上です。比重は全元素中でもっとも大きく、イリジウムが2番目です。オスミウムと白金やイリジウムとの合金は、硬くて腐食に強いことが知られています。オスミウムとイリジウムの合金は万年筆のペン先に用いられ、またオスミウムを加えた合金は摩擦に強いため、電気スイッチの接点などに利用されています。

白金鉱石を王水に溶かすと、黒色の物質が溶け残ります。当時は、溶け残りの正体はグラファイトではないかと考えられていました。テナントは、ダイヤモンドはグラファイトと同じ炭素からできていると証明しましたが、ダイヤモンドの研究経験がここで役に立ちました。不純物はグラファイトではなく、別の金属であることに気がつき、オスミウムとイリジウムを発見したのです。この父への手紙は、次のイリジウムとも重なりますので、イリジウムのページ（102ページ）を参考にしてください。

オスミウム　原子量 190.23　遷移金属

元素の豆知識

イギリスのテナントは1803年に、白金鉱のなかからイリジウムとともに新元素を発見しました。四酸化オスミウムは特有の強い臭いをもつため、ギリシャ語の臭い osme（オスメー）にちなんでオスミウムと名づけられました。オスミウムは、すべての元素のなかでもっとも重い物質のひとつです。四酸化オスミウムは二重結合の酸化剤や、生物組織を顕微鏡で観察するための固定（染色）剤として利用されています。無色で猛毒の気体で、吸い込むと気管支炎や肺炎などになることもあり注意が必要です。オスミウムは砂白金やイリドスミンに含まれています。

▲万年筆のペン先に使われるオスミウム

ボルタ電池の役割

1780年、イタリアのガルバーニは死んだカエルの足に銅と鉄の2種類の金属を触れさせると足の筋肉が動くことを見つけました。これに刺激を受けたボルタは、1800年に亜鉛と銅板とを用いたボルタ電池をつくりました。同時に、その原理をも解明しました。

この発見を誰よりも早く応用したのは、イギリスのデービーでした。巨大なボルタ電池をつくり、さまざまなアルカリ溶液を電気分解しました。1807年にカリウムとナトリウム、翌年にはマグネシウム、カルシウム、ストロンチウム、バリウムを単離しました。自然界から6種類の元素を発見したデービーの記録は誰にも破られていません。

分光法の威力

19世紀から続いた元素発見のラッシュのなかで、1850〜60年の10年間には空白があります。分析化学の力が限界に達したのです。この沈黙を破ったのは、ドイツのブンゼンとキルヒホフでした。

ある化合物を炎のなかで燃やすと、含まれている元素の種類のちがいにより炎にさまざまな色がつきます。これは「炎色反応」といわれ、古くから経験的に知られていました。炎の色を分光器で見わける方法は、ブンゼンとキルヒホフにより発見されました。

ブンゼンがつくったブンゼンバーナーとプリズムを組み合わせて、2人はデュルクハイムの鉱泉水を濃縮し、1860年にセシウムを、翌年ルビジウムを発見しました。その後20〜30年のあいだに、この方法によって、インジウム、タリウム、ガリウム、スカンジウム、ゲルマニウム、希土類元素（レアアース）、1890年代には貴ガスも発見されました。

このブンゼンの重要な実験に、当時ロシアから留学していたメンデレーエフが立ち会っていました。この数年後に、メンデレーエフは元素周期表を提案するのです。

イリジウム

元素記号 Ir
原子番号 77
Iridium
9族

本日白金線屑を王水に溶解しその残渣を何気なく白金の定性を致し候処白金の反応なく却ってイリヂウム（或はオスミウム）らしき反応を得候　その際突然本県内にて兼て砂金中の白色の強酸に不溶なる金属を含む事を想起致し右は最早白金、イリヂウム及この属の稀金属と確信仕り候
北海道にては現に全地質より砂白金及イリヂウムを産し、殊にイリヂウムは多く有望なるも鉱量少き事を聞き申し候、本県は之等稀金属の母岩たる蛇紋岩の分布最大に有之必ずや近く之を問題とするに至る事と存じ候

『大正七（一九一八）年六月六日　宮沢政次郎あて封書』


この父への手紙は、賢治が盛岡高等農林学校を卒業して研究生になったころのものです。賢治が蛇紋岩を使って実験すると、イリジウムの反応が見られたため、心弾ませて、手紙を書いたのでしょう。

白金やイリジウムは橄欖岩や蛇紋岩などの石英が少ない火成岩に含まれています。これらが風化してできた砂金に見いだされることが多いのです。賢治は、蛇紋岩の多い岩手県にもきっと多いのではと推測しています。岩手県産の蛇紋岩にイリドスミンが存在しています。

原子量 192.217　遷移金属

元素の豆知識

1803年、イギリスのテナントが白金鉱からオスミウムとともに77番元素を発見しました。新元素の塩類が虹のように美しい色彩なので、ギリシャ神話の「虹の女神イリス」にちなんでイリジウムと名づけられました。

比重はオスミウムについで2番目。1キログラムの重さの基準を決めるキログラム原器には、イリジウムの合金が使われていました。

地球上にイリジウムの量は少なく、宇宙から落ちてくるいん石には比較的多く含まれています。恐竜がいたとされる約6550年前の中生代白亜紀と新生代第3紀の境界（K/Pg 境界）の地層には、ほかの地層と比べて多くのイリジウムが含まれています。このことから、巨大いん石の衝突による地球環境の急激な変化が恐竜絶滅の原因ではないかと推定されています。

ることを賢治が発見したと認めたのは、歯科医の今野英三でした。

岩手県にイリドスミンが多く存在することを発見した賢治は、その喜びを詩にしました。続く3つの詩を味わってください。

林間に鹿はあざける
　(光はイリヂウムより強し)
げに蒼黝く深きそらかな
却って明き園の塀

『冬のスケッチ　補遺』

(こゝらのまっくろな蛇紋岩には　イリドスミンが
はひってゐる)　ところがどうして　空いちめんがイリド
スミンの鉱染だ　世界ぜんたいもうどうしても　あいつ
が要ると考へだすと　…虹いろした野風呂の火…

『春と修羅　第二集』　三六六　鉱染とネクタイ

うつうつとしてイリドスミンの鉱床などを考へようが
木影もすべり　種山あたり雷の微塵をかがやかし　列車
はごうごうと走ってゆく

『春と修羅　第二集』　三六九　岩手軽便鉄道　七月　ジャズ

イリジウム

(Os,Ir)

● イリドスミン（Iridosmine）

硬度 6.0-7.0　比重 19-21

天然にとれる白金族元素の混合物。とても硬く、さびにくい。イリジウム、オスミウム、少量のルテニウム、白金、ロジウムを含む。[北海道夕張]

(Ru,Rh,Pd,Os,In,Pt)

● 砂白金（Platinum sand）

川や昔の川床からとれる砂鉱。白金のほかに、ルテニウム、ロジウム、パラジウム、オスミウム、イリジウムも含む。黒色鉱物は磁鉄鉱などの重鉱物。[北海道天塩]

●白金 Platinum

元素記号 Pt
原子番号 78
10族

「ずゐぶん豚といふものは、奇体なことになってゐる。水やスリッパや藁をたべて、それをいちばん上等な、脂肪や肉にこしらへる。豚のからだはまあたとへば生きた一つの触媒だ。白金と同じことなのだ。無機体では白金だし有機体では豚なのだ。考へれば考へる位、これは変になることだ。」

『フランドン農学校の豚』

フランドン農学校の豚は、生徒に「白金と同じ」などと賞賛され幸福にくらしていました。あるとき、王の発令によって殺される家畜は自身で「死亡承諾書」に印を押さねばならない決まりになり、牛や馬が泣く泣く調印していきます。校長先生から「死亡承諾書」を読まされ、豚は激しく抵抗しますが、人間たちはそんな豚の気持ちに関係なく、着々と準備をすすめます。最後に豚は無理やりに調印させられ、殺されます。農学校の生徒たちは、豚の気持ちに寄り添うことなく豚の解体をしていきます。一度限りの大切な命を人間に提供されるブタ。化学反応で触媒に使う白金は、金と同じくらい高価なものです。ブタを白金と同じ触媒にたとえ、人間の営みの理不尽さを、賢治は考えていたのでしょう。

原子量 195.084　遷移金属

元素の豆知識

白金は古代エジプトなどですでに知られていたようですが、元素の発見は18世紀になってからです。1741年、イギリスの冶金学者ウッドがジャマイカからもち帰った鉱石をイギリスのワトソンが研究し、白金の論文として1750年に発表しました。元素の名前は、スペイン語の銀 plata の小さくかわいらしいさまをあらわす「かわいい小粒の銀 platina プラチナ」に由来しています。

白金は濃塩酸と濃硝酸とを混ぜた王水以外には溶けない金属ですが、強く熱すると塩素と反応します。銀白色の美しい光沢をもつため、装飾品として古代から用いられ、現在は化学反応の触媒や自動車の排ガスの浄化用触媒として貴重な存在です。

医薬品としては、1985年に開発されたシスプラチンのほか、数種類の白金化合物が抗がん剤として使われています。

またたくさんの樹が立ってゐました。それは全く宝石細工としか思はれませんでした。（中略）楊に似た木で白金のやうな小さな実になってゐるのもありました。みんなその葉がチラチラ光ってゆすれ互にぶっつかり合って微妙な音をたてるのでした。

『ひかりの素足』　四、光のすあし

死の淵に追いやられた兄弟が地獄を経験し、仏陀と出会い、生の世界へと戻ってくる物語です。幼い兄弟の一郎と楢夫が冬の山小屋で夜を過ごし父と別れたあと、雪山で遭難します。そこへ白く光る人が現れます。その人のはだしの足がまぶしく光ります。その人は「少しもこわくはないぞ」というと、辺りは心地よい美しい世界に変わります。人のよぶ声で気がつくと、もとの雪の世界です。一郎は楢夫を抱いて座っていたところを猟師に助けられました。けれども楢夫は光の国で別れたときのまま笑ったような顔で氷のように冷え、息は絶え、その眼は再び開くことはありませんでした。

白金は、白い銀色の光沢をもつ金属です。柳に似た木にできている白金のかたまりのような実が、日をうけて風にゆれて光り、互いにぶつかり合う静かな音が聞こえる様子を描いています。

白　金

自然白金（Platinum）　硬度 4-4.5　比重 14-22

銀白色の粒状をしている。多くの場合、白金単体ではなく、ほかの白金族元素や鉄などを含む。［北海道天塩］

砒白金鉱（Sperrylite）　硬度 6-7　比重 10.6

錫白色の四面体、八面体の結晶。原産地はカナダ、サドベリー鉱山が有名。［ロシア、ノリリスク］。

● 金

元素記号 Au

原子番号 79

Gold

11族

「…人が何としてもさうしないでゐられないことは一体どういう事だろう。考へてごらん。」（中略）小さなセララバアドは少しびつくりしたやうでしたがすぐ落ちついて答へました。

「人はほんたうにいいことが何だかを考へないでゐられないと思ひます。」

　アラムハラドはちょっと眼をつぶりました。眼をつぶったくらやみの中ではそこら中ぼおっと燐の火のやうに青く見え、ずうっと遠くが大へん青くて明るくてそこに黄金の葉をもった立派な樹がぞろっとならんでさんさんさんと梢を鳴らしてゐるやうに思ったのです。


『学者アラムハラドの見た着物』

　街のはずれの楊林のなかにある塾で、学者アラムハラはある年11人の子を教えていました。とりわけ小さなセララバアドという子が何か答えるときは、どこか遠くのほうの凍ったように寂かな蒼黒い空を感じさせせました。この日の質問に、セララバアドが答えたとき、アラムハラドは、暗やみのなかでリン光の青い光と、遠くの青くて明るいところに黄金の葉をもった樹を見たのでした。幻想的な光景

原子量 196.9666　遷移金属

元素の豆知識

　金は単体で安定な元素で、自然界にあっても光り輝き簡単に発見できるため、古代エジプトや中国をはじめとして、世界中で広く知られている元素です。英語の元素名gold（ゴールド）は、インド・ヨーロッパ語の光輝くghel（ゲル）が元になり、元素記号はラテン語の輝く*aurum*（アウルム）に由来するといわれています。金は濃塩酸と濃硝酸とを混ぜた王水だけに溶けます。

　金の単体はやわらかいため、銅や銀、白金、ニッケルなどとの合金として使われます。合金に含まれる金の純度（品位）は、「カラット（K）」単位であらわされ、10K、18K、24Kなどのように示されます。

　金は古くから医療に使われ、リウマチ性関節炎の治療薬は金-硫黄結合を含んでいます。その代表が、飲み薬のオーラノフィンです。

を描いています。まるで葉っぱのような自然金も見つかっていますので、賢治は、このような鉱物を見て、この光景を描いたかもしれません。

とにかくわたくしは荷物をおろし
灰いろの苔に靴やからだを埋め
一つの赤い苹果をたべる
うるうるしながら苹果に噛みつけば
雪を越えてきたつめたい風はみねから吹き
野はらの白樺の葉は紅や金やせはしくゆすれ
北上山地はほのかな幾層の青い縞をつくる

『春と修羅』風景とオルゴール　鎔岩流

岩手山に登ったあと、下山路を見下ろすと、みどりに囲まれたなかに黒っぽい地面の広がりが見られます。それが、溶岩流です。火山の噴火により地下のマグマが液体の溶岩として地表に噴出し流れだす現象や、地表で固まった地形のことです。

鬼神のすみかのような荒野と熔岩の原で私はひと休みして、赤いリンゴをかじります。遠くの白樺の木の葉が、日の光をあびて赤や金色に輝き激しくゆれています。そんな美しい情景を描いています。

金

●自然金（Gold）　硬度 2.5-3.0　比重 16-19.3

岩石1トンに、平均数ミリグラム含まれる。通常銀、銅を含む。金の純度はカラットであらわす。純金は24カラット。数字が小さいと純度は低い。昔、北海道、岩手県、宮城県、静岡県、新潟県、兵庫県、大分県、福岡県、鹿児島県などに多くの金山があった。［鹿児島県山ヶ野鉱山］

▲金塊

水銀

元素記号 Hg
原子番号 80
Mercury
12族

検温器の
青びかりの水銀
はてもなくのぼり行くとき
目をつむれり　われ

『歌稿』大正三年四月

水銀は、常温、常圧で凝固しない唯一の金属元素で、銀のような白い光沢を放つことからこの名がついています。昔の大和言葉では「みづかね」とよび、漢字では古来「汞」の字をあてはめていました。病気になり発熱すると、昔は水銀体温計をつかって熱を測っていました。脇に体温計をはさんで見ていると、どんどんと水銀の目盛が上がって行く。とても見ていられなく、目をつぶりたくなります。この青ざめた感情を、青光りする水銀め！、とうたっています。

じつに空は底のしれない洗ひがけの虚空で
月は水銀を塗られたでこぼこの噴火口からできてゐる
（山もはやしもけふはひじやうに峻儼だ）
どんどん雲は月のおもてを研いで飛んでゆく

『春と修羅』風景とオルゴール　風の偏倚

原子量 196.9666　遷移金属

元素の豆知識

水銀は古代から広く使われていた元素です。ヨーロッパや中国では辰砂（HgS）がつくられていた記録があります。英語の元素名 mercury（マーキュリー）は、ローマ神話の商売の神メルクリウス mercurius に由来し、動き回るという意味です。元素記号Hgはラテン語の「水のような銀 *hydrargyrum*（ヒュドラルギュルム）」からつけられました。日本語名は、中国の「水のような銀」に由来しています。

水銀にほかの金属を混ぜると柔らかいペースト状の「アマルガム」ができます。奈良の大仏の金メッキは、金と水銀のアマルガムを仏像に塗り、熱を加えて水銀を蒸発させたと考えられています。

中国やヨーロッパでは、水銀は不老不死の薬として使われていましたが、その毒性で亡くなった人々も多かったとみられ、現在では、ほとんど使われなくなりました。

暗やみでこうこうと輝く月は、表面がきらきら光る水銀で塗られたでこぼこの噴火口でできているようです。その上を雲が流れていく様子は、雲が月を磨き、ますます輝きを増しているようです。

赤、黄、白、黒、紫、褐のあらゆるものをとかしつつ
ひとり黎明のごとくゆるやかにかなしく思索する
この花にもしそが望む大なる爆発を許すとすれば
或いは新たな巨きな科学のしばらく許す水銀いろか
或いは新たな巨大な信仰のその未知な情熱の色か
容易に予期を許さぬのであります

『詩ノート』一〇八六　ダリヤ品評会席上

「詩ノート」は賢治が羅須地人協会をつくった秋ころから約1年にわたって書かれた断片的な詩集です。賢治の科学観、自然観あるいは思いなどがあらわされ、賢治を知るうえで重要な作品です。

赤、黄、白、黒、紫、褐のあらゆる色をとかし込んだ花は、新たにこれから来る世界に対する希望の象徴の花ですが、科学への期待か信仰への情熱かはまだよくわからないといっているようです。水銀いろは、きらりと光り流動的な性質、未来を目指した柔軟な精神をあらわしているのではないでしょうか。

水　銀

● 辰砂（Cinnabar）　硬度 2-2.5　比重 8.0-8.2

水銀の硫化物で赤色の透明結晶。古くから朱色の顔料や漢方薬に使われてきた。古墳の副葬品として利用された。［中国、貴州省］

● 自然水銀（Mercury）　比重 13.6

気温 15 ～ 25 ℃で、ただひとつの液体鉱物。銀色に光り輝く。朱色の辰砂とともに産出。

鉛

元素記号 Pb

原子番号 82

Lead

14族

そらがすっかり赤味を帯びた鉛いろに変わってゐる海の水はまるで鏡のやうに気味わるくしづまりました。

『サガレンと八月』

農林学校の助手をする私は、標本を集めるためにオホーツク海岸にやってきます。なぎさに座った私と風と波とが問答をします。風は、母のいうことを守らなかったタネリが、1匹の蟹になったという話をします。この風景をあらわすのに、鉛が使われています。赤みを帯びた鉛色のような鉛鉱石も見つけられていますので、賢治は、その鉱物の特徴を見て、夕日をうたったのでしょう。

じつに古くさい南京袋で帆をはって
おまけに風に逆って
山の鉛が溶けて来た重いいっぱいの流れを溯って
この船はどこへ行かうといふのだらう

『詩ノート』一〇二八　じつに古くさい南京袋で帆をはって

鉛は、黒ずんだ重い元素です。錆でおおわれると表面は鉛色とよばれる青みのある灰色になります。鉛は、人類の文明とともに使われてきた代表的な重金属です。南京袋は、麻の太糸で厚手に織った

原子量 207.2　金属

元素の豆知識

鉛は古代から金や銀、銅とともによく知られていた金属です。英語の元素名lead（レッド）は、固体が液体になる「熔融性」をあらわすオランダ語のlood（ロウド）、ドイツ語のLot（ロオト）に由来すると考えられています。フランス語ではplomb（プロン）、イタリア語ではpiombo（ピオンボ）で、これらはラテン語の鉛をあらわす*plumbum*（プルンブム）に由来し、鉛の元素記号はPbになりました。

鉛は融点（物質が融ける温度）が低くてやわらかく細工しやすいため、古代ローマでは水道管やワインの貯蔵にも利用されていました。日本では炭酸鉛が「おしろい」として長い間使われていましたが、毒性があるため1953年に禁止され、現在では使われていません。

鉛蓄電池は、自動車に利用されています。また、X線やガンマ線をさえぎる遮蔽材料としても使われています。

うすい茶色の袋のことです。江戸時代終わりから明治初期のころ、海外から南京米が輸入されたときに用いられたため、この名でよばれました。この南京袋でつくった帆の船が、まるで鉛を溶かしたような重い風にさからって懸命に進んでいることがわかります。

五日の月が、西の山脈の上の黒い横雲から、もう一ぺん顔を出して、山に沈む前の、ほんのしばらくを鈍い鉛のやうな光で、そこらをいっぱいにしました。冬がれの木やつみ重ねられた黒い枕木はもちろんのこと、電信柱まで、みんな眠ってしまひました。

『シグナルとシグナレス』（三）

賢治が生前に発表した数少ない童話のひとつです。賢治が27歳のときに、岩手毎日新聞に11回に分けて掲載されました。

東北本線の信号機シグナルと岩手軽便鉄道の小さな腕木式信号機シグナレスの切ない恋を、擬人的に暖かくユーモラスに描いた物語です。

この童話が書かれたころ、岩手県花巻駅にはこのふたつの路線が乗り入れていました。日が沈む前の弱い太陽の光を鈍い鉛色として描き、夜が訪れる一瞬の間をうたっています。

鉛

●方鉛鉱（Galena）　硬度 2.5　比重 7.4-7.6

鉛の原料鉱物。鉛灰色で光沢があり、立方体や八面体の結晶。立方体の面に並行して割れやすく、劈開がある。金属光沢が特徴的。［ブルガリア、マダン］

●紅鉛鉱（Crocoite）　硬度 2.5-3　比重 6

鉛のクロム酸塩鉱物で、あざやかな橙紅色の柱状結晶。顔料として利用され、ウラル産のものは「シベリアの赤い鉛」とよばれる。［オーストラリア、タスマニア］

●ビスマス

元素記号 **Bi**
原子番号 **83**
Bismuth
15族

蒼鉛いろの暗い雲から
みぞれはびちよぴちよ沈んでくる
ああとし子
死ぬといふいまごろになつて
わたくしをいつしやうあかるくするために
こんなさつぱりした雪のひとわんを
おまへはわたくしにたのんだのだ
ありがたうわたくしのけなげないもうとよ
わたくしもまつすぐにすすんでいくから
（あめゆじゆとてちてけんじや）

『春と修羅』無声慟哭　永訣の朝

日本語の蒼鉛はビスマスのことで、単体は淡く赤みがかった銀白色の金属です。

『春と修羅』のはじめで賢治は自らを「おれは一人の修羅なのだ」といっています。そして、妹トシが亡くなった無念の悲しみと怒りを、蒼鉛いろでたとえているのです。トシ子は、トシのことです。自然蒼鉛には黒っぽい鉱物のなかに、白や赤っぽい鉱物もまじり少し輝きあり、あたかも賢治の心をあらわすにふさわしい鉱物で

原子量 208.98　半金属

元素の豆知識

ビスマスは古代から知られていて、中世錬金術時代には薬として使われていたようです。1753年にフランスのジェフロアがビスマスと鉛の化学的なちがいを明らかにしました。英語の元素名bismuthは、アラビア語の「安息香のように簡単に溶ける金属wissmaja」に由来すると伝えられていますが、詳しくはわかっていません。日本語では「蒼鉛」とよばれています。天然には、硫化物の輝蒼鉛鉱に多く含まれています。

近年、ビスマスは高温超伝導体として注目され、リニアモーターカーの電磁石に用いられています。また、ビスマスを含む低融点合金（ウッドメタル）は70℃で溶けるため、スプリンクラー（散水器）の口金に使われます。

ビスマス化合物は医薬品として、整腸剤や下痢止めに古くから使われています。

す。じっとこの鉱物を見ていると、賢治の悲しさや怒りが伝わってくるようです。ほかにも「風景とオルゴール」という詩の後半部では、「松倉山松倉山尖つてまつ暗な悪魔蒼鉛の空に立ち」とあります。蒼鉛は、賢治にとっては歓迎できない鉱物のようでした。

みちの左の栗の林で囲まれた
蒼鉛いろの影の中に
鍵なりをした巨きな家が一軒黒く建ってゐる
鈴は睡った馬の胸に吊され
呼吸につれてふるへるのだ

『春と修羅　第二集』六九　どろの木の下から

どろの木は、泥柳ともいわれ、白楊のことをさしています。春の満月の雲ひとつない夜でしょうか。賢治は北上の山にひとり森を歩いていきます。鍵なりをした大きな家とは、岩手県南部でよくある曲がり家のことです。その家は、蒼鉛いろをした栗林の影のなかにひっそりと立っています。飼われている馬の呼吸にあわせて、馬の胸に吊るされた鈴がなっています。どこまでも静かな森を美しく描いています。

ビスマス

自然蒼鉛（Bismuth）

硬度 2.0-2.5　比重 9.7-9.8

桃色味を帯びた独特の銀白色で、金属光沢をもつ結晶。［福岡県三ヶ岳］

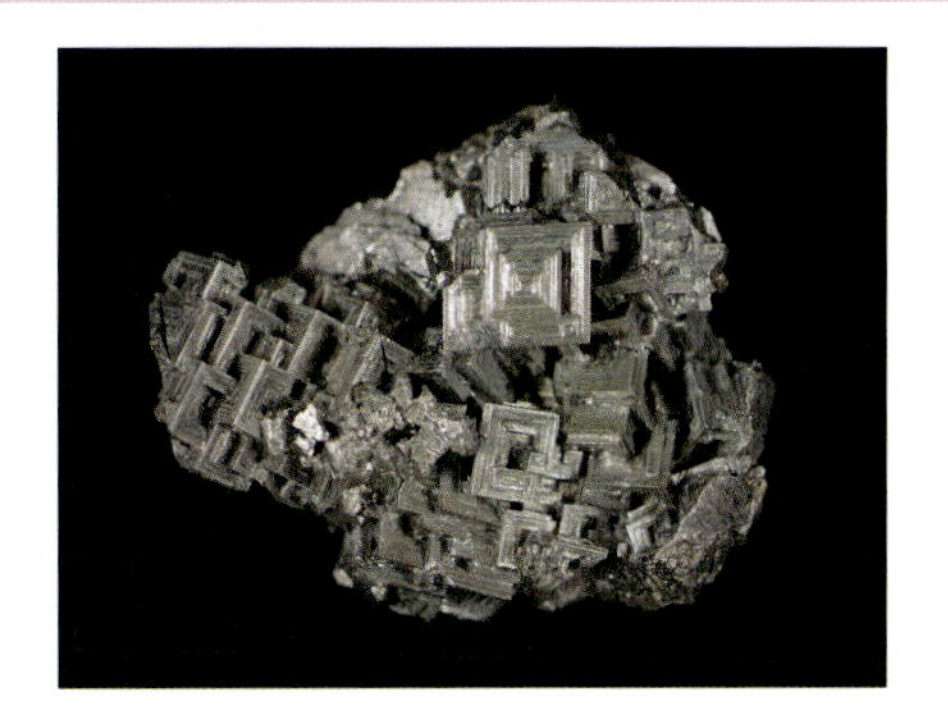

▲ビスマスの人工結晶

うすく赤みがかった銀白色の金属。表面に酸化されたうすい膜ができ、光が当たると干渉色を示す。岐阜県神岡鉱山のビスマスを溶かして作製。

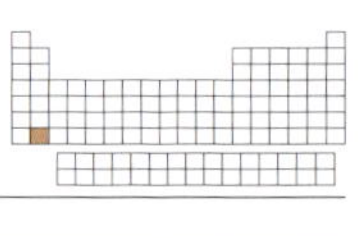

ラジウム

元素記号 Ra

原子番号 88

Radium

2族

くづれかかった煉瓦の肥溜の中にはビールのやうに泡がもりあがってゐます。さあ順番に桶に汲み込まう。そこらいっぱいこんなにひどく明るくて、ラヂウムよりももっとはげしく、そしてやさしい光の波が一生けん命一生けん命ふるへてゐるのに、いったいどんなものがきたなくてどんなものがわるいのでせうか。もうどんどん泡があふれ出してもいいのです。青ぞらいっぱい鳴ってゐるあのりんとした太陽マヂックの歌をお聴きなさい。

『イーハトーボ農学校の春』

太陽マジックのうたがごうごうと鳴っている真っ青な空をした春の日です。太陽マジックは、賢治のつくった言葉ですが、太陽コロナのまっ赤な太陽の炎と思われます。農学校に勤務する私と生徒たちは、実習服を着て煉瓦の肥溜のところに集まります。桶に肥を汲み、麦畑までかついでもっていきます。作業を終えて、急な坂道をのぼって近道をすると、杉の木が昆布かびろうどのように美しい。青い空の高いところを3羽の鳥がはねをのばして白く光って飛んでいます。農学校での実習の様子を描いた話です。

空いっぱいにひろがる光を、「ラヂウムよりももっとはげしく、

原子量［226］　アルカリ土類金属

元素の豆知識

キュリー夫妻が1898年に閃ウラン鉱のかたまり、ピッチブレンドからポロニウムを取りだすことに成功しました。そのとき、抽出したあとのピッチブレンドの残りかすから、さらに強い放射線が出ていることに気づき、放射能測定と分光学的測定をして、新元素を発見しました。この元素は、ラテン語の放射 *radius* にちなんでラジウムと名づけられました。夫妻は、そのあともウラン鉱石の残りかすからラジウムの抽出と精製をくりかえし、1902年にやっと0・1グラムの塩化ラジウムを手に入れ、原子量が225・9であることを突きとめました。

1903年、キュリー夫妻とベクレルにノーベル物理学賞があたえられました。ラジウムと放射線、放射能という発見は、20世紀の新しい科学への道をひらくことになったのです。

そしてやさしい光の波」としてあらわしています。ラジウムは第2族の最後の元素であり、反応性が強く、水と激しく反応します。また、空気中で簡単に酸化され暗所で青白く光ります。これを「やさしい」とあらわしているのでしょう。

ふう、すばるがずうっと西に落ちた。ラジュウムの雁、化石させられた燐光の雁。停車場の灯が明滅する。ならんで光って何かの寄宿舎の窓のやうだ。

『ラジュウムの雁』

夜間に歩く人たちの会話を描いた散文詩です。

すばるはおうし座の星の集まりで、プレアデス星団ともいいます。オリオンの3つ星を西に伸ばした先に見えます。おうし座の目印はVの字になった頭の部分です。すばるが西に傾くころ、ラジュウム（ラジウム）のようにりん光が青白く光ってVの字に並ぶ星が、Vの字になって飛ぶ雁を思わせたのでしょうか。しかも雁は、化石のように動かず止まっていてボーと光っているのです。すばるをりん光の雁にたとえています。点滅するりん光を見ていると、どこかの寄宿舎の窓に見えると表現しています。

ラジウム

●ピッチブレンド（瀝青ウラン鉱）(Pitchblende)　硬度 5-6　比重 6.5-8.5

ごく細かい微晶質の閃ウラン鉱。ブドウ状でピッチのような黒色のため，この名がついた。銅、鉛などの硫化鉱物とともに産出。非晶質で閃ウラン鉱より比重が小さい。ラジウムやウランを含む鉱石。［チェコ、プリブラム］

●閃ウラン鉱（Uraninite）　硬度 5-6　比重 10.6-10.9

二酸化ウランをおもな成分とする鉱物。鉱脈鉱床、花崗岩ペグマタイトなどからとれる。崩壊した結果として少量のラジウムを含む。特殊な炭酸塩岩に産出。サイコロ状の立方体結晶。［カナダ、カージフ］

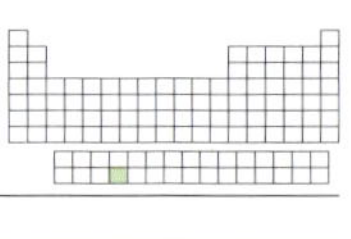

● ウラン

元素記号 **U**

原子番号 **92**

Uranium

アクチノイド

就中最注意ヲ要スルモノ次ノ如クニ御座候
之等ハ最小規模ニノミ産シ而モ次第ニ本県内ニテ問題ト
ナルベク候
　ヴナデイム　ウラニウム　（鉄工業ソノ他ニ用フ。）
　タングステン、（ヲルフラム）（鉄工業、電気工業）
　チタニウム
　錫
　タンタラム（電燈用ソノ他）
　テルリウム
　セレニウム（電子工業）
　白金、
　ウラニウム、
　イリヂウム
　オスミウム
　砒素
之等ハ定性分析及検鏡ニヨリテノミ発見セラルベク候
『大正七（一九一八）年六月二十二日　宮沢政次郎あて封書』

この手紙は、賢治から父へ宛てたもので、賢治が盛岡高等農林学

原子量 238.029　アクチノイド

元素の豆知識

ドイツのクラップロートは、1789年に鉄や亜鉛が主成分のピッチブレンド（瀝青ウラン鉱）から、新元素を発見しました。1781年に「天王星 Uranus ウラヌス」が発見され、当時、惑星の名前から元素名をつけることが流行していたため、Uranium（ウラニウム）と名づけました。当時、ウランはそれほど注目される元素ではありませんでした。

最初の発見から100年以上も経った1896年、フランスのベクレルによって、ウランは放射性をもつことが明らかにされ、突然有名な元素になりました。ウラン238の半減期（最初の原子の個数が放射性崩壊によって半分の数になる時間）は約45億年、ウラン235は約7億年です。ウラン235は唯一天然に存在する核分裂を起こしやすい核種であり、原子力発電などに使われています。

校の研究生をしていたころに書かれました。将来、鉱物や宝石を扱う職業につきたいと思い、鉱物について自分なりに調べ、実験して、その結果を詳しく報告しています。賢治が、なぜウランを（鉄工業ソノ他ニ用フ。）と書いたのかはわかりません。欧米では19世紀のはじめころから、ガラスにウランを混ぜた黄色や緑色の透明なウランガラスが製造され、コップ、花瓶、アクセサリーなどのガラス器が大量に製造されていました。ウランガラスは、暗闇のなかで紫外線ランプ（ブラックライト）を当てると緑色に輝き蛍光を発するため人々を魅了してきました。１９４０年代以後、ウランは核燃料として原子力に利用されています。ウランはピッチブレンド（瀝青ウラン鉱）から抽出されます。閃ウラン鉱は、ウランが崩壊した結果、少量のラジウムやトリウム、希土類などを含んでいます。

ピッチブレンド（瀝青ウラン鉱）（Pitchblende）

硬度 5.0-6.0　比重 6.5-11

崩壊した結果として少量のラジウムを含む。トリウムや希土類元素なども含むウラン鉱石。［チェコ、プリブラム］

▲ウランガラス

ウラン

$Ca(UO_2)_2(PO_4)_2 \cdot 11H_2O$

燐灰ウラン鉱（Autunite）

硬度 2-2.5　比重 3.1

ウランのリン酸塩鉱物の一種。粘土の割目に生成。ウランの主要な鉱石鉱物。正方晶系。短波長紫外線を当てると黄緑色の蛍光を発する（写真左）。［岡山県人形峠］

コフィン石（Coffinite）　硬度 5-6　比重 5.1

ウランのケイ酸塩鉱物。細かい粒の細粒結晶の集まり。薄片は淡～濃褐色。ウラン鉱床の二次鉱物として砂岩中に含まれる。名前は、発見者のコフィンに由来。［鳥取県東郷鉱山］

メンデレーエフの元素周期表

ロシアに帰国したメンデレーエフは、化学の教科書『化学の原理』を執筆(しっぴつ)しながら、元素の分類を学生にどのように教えるのかで悩(なや)んでいました。そこで、当時知られていた63種類の元素をカードにし、性質の似た元素のグループをつくり、それらを原子量順に並べてみることにしました。カードゲームを楽しむように、何度も試しているうちに、1869年、元素の周期表にたどりつきました。しかし、それには多くの欠陥(けっかん)がありました。順番が飛んでいたりして、どうしても空白部分が残ってしまうのです。

メンデレーエフは、素晴らしいアイディアを思いつきました。空白部分にはまだ発見されていない元素があるにちがいないと考え、未発見の元素の存在と、前後左右の元素の性質から、未発見の元素の化学的な性質を予測したのです。しばらくして、その予測が的中しました。

周期表のアルミニウムの下にくると予言した31番目の元素エカアルミニウムが、1875年にイタリアのボアボードランによって発見されたのです。新元素はガリウムと名づけられました。21番目の元素は1879年にスウェーデンのニルソンが発見し、スカンジウムと名づけられました。1886年、32番目の元素は、ドイツのウィンクラーによって発見され、ゲルマニウムと名づけられました。周期表の空白は、つぎつぎにうまっていきました。こうして、メンデレーエフの周期表は、またたく間に世界中で使われるようになりました。

▲メンデレーエフが最初に発表した元素周期表

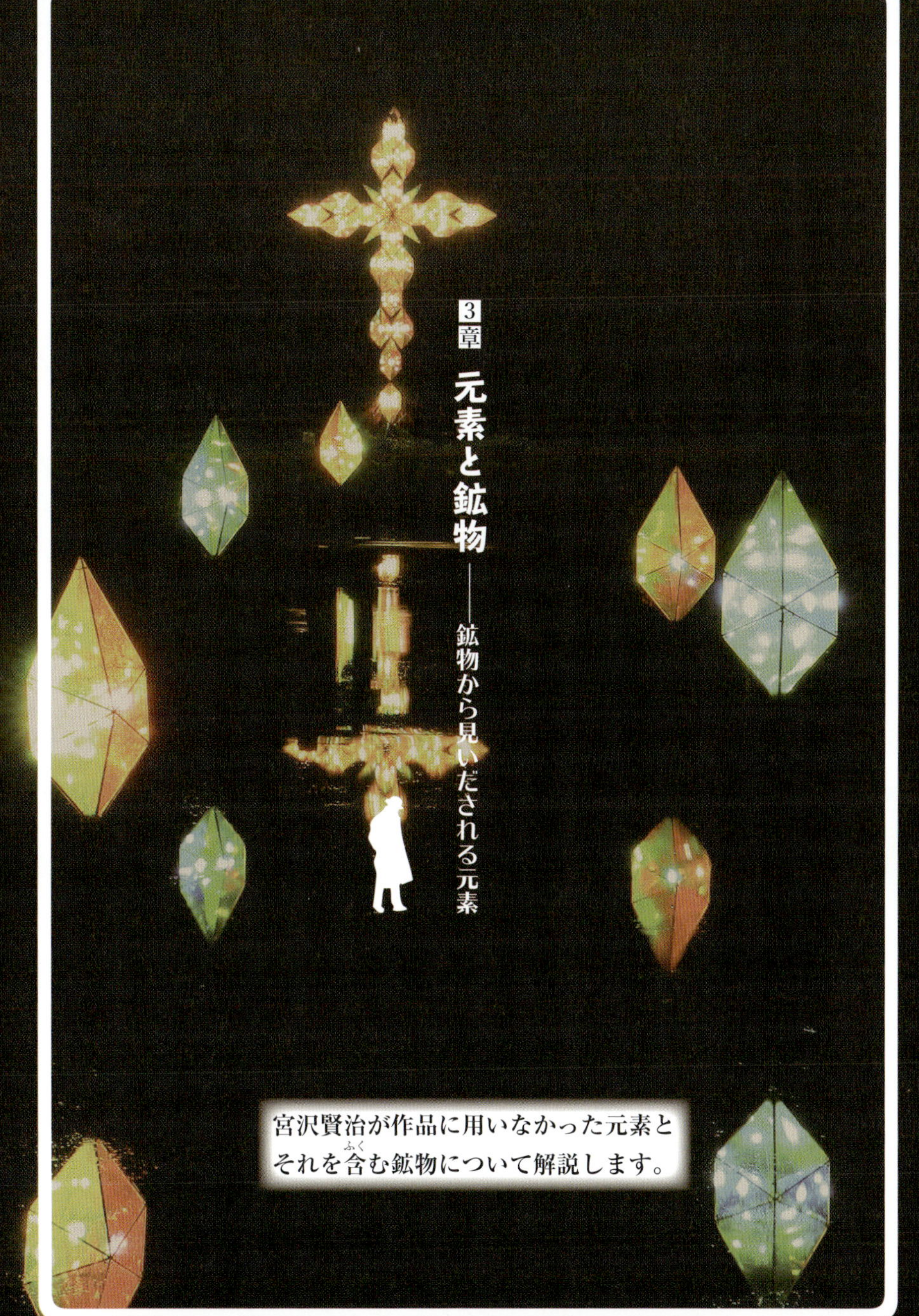

3章 元素と鉱物

——鉱物から見いだされる元素

宮沢賢治が作品に用いなかった元素とそれを含む鉱物について解説します。

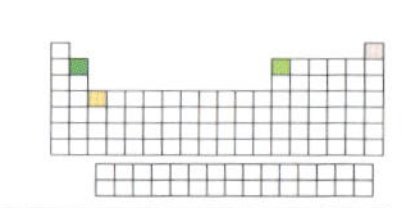

元素記号 He

ヘリウム Helium

原子番号 2

ヘリウムは、宇宙には水素の次に多く存在しますが、地球上にあるのはわずかです。1868年にイギリスのロッキャーらが太陽コロナの光（スペクトル）を分析して新元素を発見し、ギリシャ語の太陽 *helios*（ヘリオス）にちなみヘリウムと名づけました。1895年、イギリスのラムゼーはクレーベ石からヘリウムを取りだすことに成功しました。空気より軽く水素のように爆発しないので飛行船に、また液体ヘリウムはリニアモーターカーやMRI（磁気共鳴画像法）の電磁石を冷やすために使われます。

●クレーベ石（Cleveite）

硬度 5-6　比重 5.5-11

ノルウェーで発見された。イットリウム、セリウムなどを含む。鉱物名は、発見者 P. T. クレーベにちなむが、閃ウラン鉱の一種としてあつかわれ、$(Y,Er)_2O_3$ を 9.99% 含むものはクレーベ石と名づけられた。ウランのアルファ崩壊でできたヘリウムが鉱物中に閉じこめられている。ラムゼーがこの鉱物に酸を加えヘリウムの発生を発見。クレーベは元素ホルミウムとツリウムの発見者。

元素記号 Be

ベリリウム Beryllium

原子番号 4

緑柱石（ベリル）から、ドイツのウェーラーとフランスのビュッシーが新元素を発見し、鉱石名にちなんでベリリウムと名づけました。美しい緑色で透明な緑柱石は宝石のエメラルド、淡い青色は宝石のアクアマリンです。なかに含まれているベリリウム以外の原子(イオン)によって、色がちがいます。ベリリウムは、中性子の速度を下げる作用があり、原子炉の働きを保つために使われています。元素の単体は硬く、軽く、強く、溶けだす温度が高いため、工業機械の製造や人工衛星の材料に使われます。

$Be_3Al_2(Si_6O_{18})$

●緑柱石（Beryl）　硬度 7.5-8　比重 2.7-2.9

緑色の六角柱状結晶で、濃い緑色の緑柱石（ベリル）は、エメラルド。緑色は、微量に含まれるクロムやバナジウムが原因。水色のものをアクアマリン、ピンク色のものをモルガナイトという。宝石として利用される。花崗岩ペグマタイトから産出する。［福島県石川］

元素記号 B ホウ素 Boron 原子番号 5

自然界に単体のものはなく、ホウ砂などの鉱物から取りだします。化合物のひとつであるホウ酸からフランスのゲイ＝リュサックとテナールが、1808年に新元素を見つけましたが、ホウ素だけを取りだすこと（単離）ができませんでした。1892年になって、フランスのモアッサンが純粋なホウ素を単離しました。ホウ素は黒色の固体で、ダイヤモンドのように硬く、酸化ホウ素をガラスにまぜると、熱に強い耐熱性ガラスができます。ホウ酸は人や植物の必須元素で、目の洗浄やうがい薬にも使われます。

元素記号 Sc スカンジウム Scandium 原子番号 21

スウェーデンのニルソンがガドリン石から発見し、母国のラテン語名 *scandia* にちなんでスカンジウムと名づけました。ツリウムの発見者でもあるスウェーデンのクレーベは、この元素はメンデレーエフが予言した未知の元素「エカホウ素」であることを明らかにしました。スカンジウムは、トルトベイト石やユークセン石に含まれています。メタルハライドランプは、ナイター照明などに利用されています。アルミニウムとの合金は軽く熱に強いので、自転車のフレームや金属バットに使われています。

● コールマン石（Colemanite）

硬度 4.5　比重 2.42

無色透明で柱状、菱面体の（鋭い形をした）結晶。カルシウムの含水硼酸塩鉱物。灰ホウ石ともいう。アメリカ、カリフォルニアのデスバレーで発見された。［トルコ］

● ウレクサイト（Ulexite）

硬度 2.5　比重 1.9-2.0

透明～半透明のガラス光沢をもつ繊維状結晶の集まり。ナトリウムとカリウムを含む含水ホウ酸塩鉱物。ファイバースコープ効果で、結晶の下の文字や絵が浮き上がってみえる。テレビ石ともいう。［アメリカ、カリフォルニア］

● ユークセン石〔Euxenite-(Y)〕

硬度 5.5-6.5　比重 4.3-5.9

暗赤褐色～黒色。イットリウムが主成分。少量のウランやトリウムを含む放射性鉱物のひとつ。英語名は、ギリシャ語で外来物へのなじみやすさを意味するユークセノスに由来。［福島県石川］

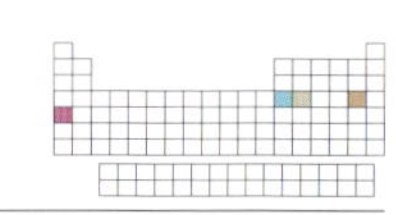

元素記号 **Ga**

ガリウム Gallium

原子番号 **31**

ガリウムは、１８７０年にロシアのメンデレーエフが「エカアルミニウム」と名づけて予言しました。１８７５年、フランスのボアボードランが閃亜鉛鉱から31番元素を発見し、フランスのラテン語名*Gallia*（ガリア）にちなみガリウムと名づけました。ボーキサイトや亜鉛鉱に含まれます。半導体材料として、コンピュータ、携帯電話、青色発光ダイオード（窒化ガリウム、LED）に、「ガリウムヒ素」は赤色発光ダイオード、CD、DVDの読み取り、書き込み用レーザーの製造に欠かせない材料です。

元素記号 **Ge**

ゲルマニウム Germanium

原子番号 **32**

ロシアのメンデレーエフはケイ素に似た元素を予測して「エカケイ素」とよびました。１８８５年ドイツのヴィンクラーは銀鉱石から新元素を発見し、エカケイ素であることを確認しました。32番元素はドイツの古い名、ゲルマニアGermaniaにちなんで、ゲルマニウムと名づけられました。１９４７年にアメリカのベル研究所で半導体としての性質が発見され、最初の「トランジスタ」には純度の高いゲルマニウム結晶が使われました。光ファイバー、赤外線サーモグラフィーのレンズに利用されています。

閃亜鉛鉱（Sphalerite）

硬度 3.5-4.0　比重 3.9-4.2

亜鉛の硫化物で四面体。鉄のほか、微量成分としてインジウム、ガリウム、タリウムを含む。赤褐色で透明な鉱物は宝石のルビーブレンド。ピレネー山脈から得られた閃亜鉛鉱から、ボアボードランがガリウムを発見した。[岐阜県神岡鉱山]

ゲルマン鉱（Germanite）

硬度 4　比重 4.4-4.6

銅を主成分とする、ゲルマニウム、鉄の硫化物。赤みを帯びた灰色から褐色のかたまり。[ナミビア、ツメブ鉱山]

レニエル鉱（Renierite）

硬度 4.5　比重 4.4

硫化鉱物で、ゲルマン鉱グループのひとつ。オレンジから黄褐色で不透明。ガリウム銅、ゲルマン鉱を含む。[コンゴ、キプシ鉱山]

元素記号 **Br**
臭素 Bromine
原子番号 **35**

1826年、フランスのバラールは塩素を海水に通して赤褐色の新元素を発見しました。強い悪臭がしたため、ギリシャ語の「悪臭 *bromos*」にちなんで bromine 臭素と名づけました。古代から使われてきた貝紫色は、シリアツブリカイの分泌液からとった色素で臭素が含まれています。化合物の臭化銀は、光が当たると黒化するため写真の感光剤に使われます。昔、映画スターの写真をブロマイドとよんだのは、印画紙がブロマイドペーパーだったからです。消火剤や難燃剤の原料として使われています。

● 含臭素角銀鉱（Bromian chrolargyrite）

硬度 2.5　比重 6.47

フランスのペルチエが、臭素を含む鉱物を1841年に発見。淡黄色。光を当てると黒化する。写真の感光剤として利用。柔らかくナイフで切ることができる。角銀鉱、沃化銀鉱は近縁鉱物。褐鉄鉱表面に生成。[オーストラリア、ブロークンヒル]

元素記号 **Rb**
ルビジウム Rubidium
原子番号 **37**

ドイツのブンゼンとキルヒホフは1861年に自分でつくった分光器を用いて、鱗雲母（紅雲母）から濃い赤色の光線（スペクトル）を見つけ、新元素を発見しました。ギリシャ語の「濃い赤色 *rubidus*」にちなんでルビジウムと名づけました。ルビジウムは、炎のなかに入れて熱する炎色反応では淡い紫色を示し、水と強く反応します。ルビジウムを使った原子時計は比較的安い値段でつくれるため、GPS受信機などに使われます。数十億年前の化石や隕石などの年代測定にもルビジウムが利用されています。

● リチア雲母（鱗雲母）（Lepidolite）

硬度 2.5-4　比重 2.8-2.9

リチウムを含むピンク～緑色の電気石と共生する。淡紫色細粒鱗片状結晶の集合。炎の色が深赤色を示すため、元素名は、ラテン語の *rubidus* にちなむ。リチア雲母（鱗雲母）は、トリリチオナイト・ポリリチオナイト雲母の系列名として用いられる名前。[アメリカ、カリフォルニア、パラ]

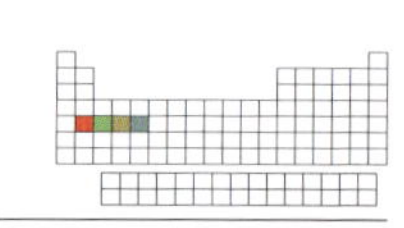

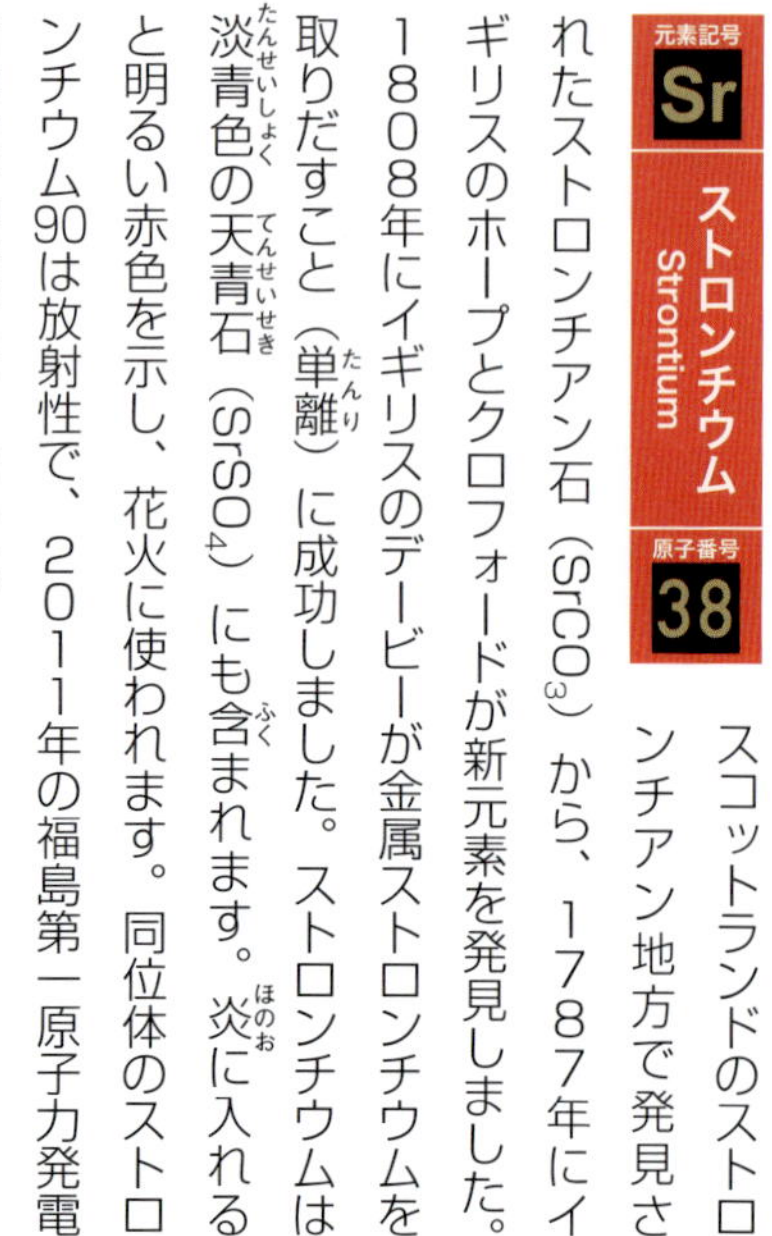

元素記号 **Sr**

ストロンチウム Strontium

原子番号 **38**

スコットランドのストロンチアン地方で発見されたストロンチアン石（$SrCO_3$）から、1787年にイギリスのホープとクロフォードが新元素を発見しました。1808年にイギリスのデービーが金属ストロンチウムを取りだすこと（単離）に成功しました。ストロンチウムは淡青色の天青石（$SrSO_4$）にも含まれます。炎に入れると明るい赤色を示し、花火に使われます。同位体のストロンチウム90は放射性で、2011年の福島第一原子力発電所事故で問題になりました。

元素記号 **Y**

イットリウム Yttrium

原子番号 **39**

1794年フィンランドのガドリンはスウェーデンの小さな町イッテルビーで見つかった黒い石から、新元素を含む酸化物を発見しました。この黒い石は、後にガドリンにちなんでガドリン石とよばれ、新酸化物は町の名前に由来してイットリアと名づけられました。新元素イットリウムを取りだしたのは、スウェーデンのモサンダー（1843年）です。イットリウムはモナズ石やゼノタイムとよばれる鉱石にも含まれています。固体レーザーの素子として、治療や溶接などの分野で広く利用されています。

●ストロンチアン石（Strontianite）

硬度 3.5　比重 3.76

スコットランドのストロンチアンで発見されたため、この名前がついた。緑色または黄色がかった白色で、繊維状、柱状結晶で存在。重晶石に伴う。ストロンチウムの炭酸塩鉱物で霰石グループ。［スコットランド］

●天青石（Calestine）

硬度 3-3.5　比重 3.95-3.97

ストロンチウムの硫酸塩鉱物。美しい透明の淡青色の板状または柱状の結晶。石灰岩や硼酸塩鉱床に産生する。［トルコ］

●ゼノタイム〔Xenotime-(Y)〕

硬度 4.5　比重 4.4-5.1

イットリウム族の重要な鉱物。正方両錘形。この鉱物が発見されたとき、新元素の発見が期待されたが、イットリウムはすでに発見されていた。幻に終わったため、ギリシャ語で「虚しい名誉」という意味から、ゼノタイムと名づけられた。［ブラジル、バイア］

元素記号 **Zr**

ジルコニウム Zirconium

原子番号 **40**

1789年にドイツのクラップロートが、現在のスリランカ産の鉱石ジルコンから新酸化物（ジルコニア）を見つけました。新元素を取りだしたのは、スウェーデンのベルセーリウス（1824年）で、鉱物名にちなみジルコニウムと名づけられました。世界最古の鉱物はオーストラリアで発見されたジルコンです。地球誕生から1億6000年後の石と考えられています。金属ジルコニウムは中性子が通りやすく原子炉の燃料棒の材料となり、高温で水や水蒸気と反応し、水素（H_2）を発生します。

●ジルコン（Zircon）　硬度 7.5　比重 4.6-4.7

純粋なものは無色であり、ダイヤモンドのイミテーション（模造品）として利用されるほど明るい輝きをもつ。正方晶系。ごく少量の希土類元素やウラン、トリウムなどを含むと濃褐色や橙色に変化。オーストリアのジャック・ヒルズから地球最古の44億年前のジルコンが発見されている。[ロシア、イルメン]

元素記号 **Nb**

ニオブ Niobium

原子番号 **41**

1801年イギリスのハチェットは黒褐色のコルンブ石から新金属酸化物を発見し、コロンビウムと名づけました。翌年、スウェーデンのエーケベリは、新元素タンタルを発見し、コロンビウムと同一物と考えました。1865年に、フランスのドービルとトルーストはコルンブ石から新元素を発見します。ギリシャ神話のタンタロスの娘ニオベにちなみニオブと名づけられ、1949年に認められました。鉄鋼に加えた高張力鋼（ハイテン）はタービンに、超伝導磁石の材料にも使われています。

●鉄コルンブ石〔Columbite-(Fe)〕　硬度 6　比重 5.2-6.7

黒褐色〜赤褐色の板状または柱状結晶の鉱物。レアメタルのひとつのニオブを含む。発見者のハチェットが、コロンブスまたはアメリカの旧名コロンビアにちなんで名づけた。ハチェットとエーケベリはニオブとタンタルの両元素を発見。[福島県石川]

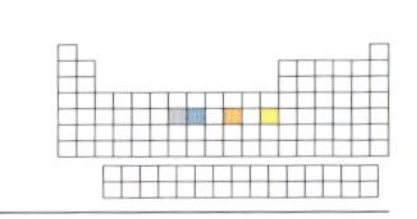

元素記号 **Tc**

テクネチウム Technetium

原子番号 **43**

1937年アメリカのセグレとイタリアのペリエはサイクロトロン（加速器）を使って、モリブデンに重陽子線を当て43番の新元素をつくりました。人類がはじめてつくった人工元素で、ギリシャ語の「人工 *technos*（テクノス）」にちなみテクネチウムに。テクネチウム98の半減期約420万年は、20種類以上ある同位体のなかで最長です。地球創生時のテクネチウムは、自然界にはほとんど存在しません。テクネチウム99mの半減期は約6時間で、これを利用し、がんの骨転移の診断などに使われています。

●ピッチブレンド（瀝青ウラン鉱）
（Pitchblende） 硬度 5-6 比重 6.5-8.5

閃ウラン鉱の一種。鉄、銅、コバルト、ニッケルなどを含み、非晶質。比重は閃ウラン鉱より小さい。ウラン、ラジウムの鉱石。テクネチウムは人工放射性元素のひとつ。半減期がもっとも長いTc-98でも420万年しかなく、自然界には存在しない。ウラン鉱石中のU-238の自発核反応でごくわずか生成することがある。［チェコ、プリブラム］

元素記号 **Ru**

ルテニウム Ruthenium

原子番号 **44**

1828年ロシアのオサンは白金鉱から新元素を発見し、ロシアのラテン語名 *Ruthenia*（ルテニア）からルテニウムと名づけました。純粋なルテニウムを取りだした（単離）のはロシアのクラウス（1845年）。ルテニウム、ロジウム、パラジウム、オスミウム、イリジウム、白金の6元素は「白金族元素」で化学的性質がよく似ています。ルテニウムを利用した不斉ルテニウム触媒は日本の野依良治が開発し、アメリカのノーレスやシャープレスとともに2001年、ノーベル化学賞を受賞しました。

●砂白金（Platinum sand）

砂白金は、川や川床だったところからとれる白金族鉱石。ルテニウムのほか、白金、ロジウム、パラジウム、オスミウムなどを含む。色は銀白色から灰色、淡い青やピンクなどで一定しない。［北海道天塩］

元素記号 **Pd**

パラジウム Palladium

原子番号 **46**

1803年、イギリスのウォラストンは白金鉱からロジウムと同時にパラジウムを発見しました。元素名は、その前年に発見された小惑星パラス（ギリシャ神話の女神アテナの別名）にちなんでパラジウムと名づけられました。パラジウムは自分の体積の900倍もの水素を取り込めるため、水素の精製や水素添加の触媒として使われます。パラジウム触媒も開発され、この研究で、アメリカのヘック、日本の根岸英一と鈴木章が2010年にノーベル化学賞を受賞しました。

元素記号 **Cd**

カドミウム Cadmium

原子番号 **48**

ドイツのシュトロマイヤーは、薬として使っていた酸化亜鉛が炭酸亜鉛であることを知り、これをくわしく調べるなかで、1817年に未知元素をつきとめました。元素名は菱亜鉛鉱のギリシャ語名 *kadmeios* によると考えられています。長寿命のニッケルカドミウム電池（ニッカド電池）や黄色顔料カドミウムイエローの原料に使われます。カドミウムは同族第6周期の水銀とともに人体に有害な作用を示します。富山県で発生し、日本で最初に認められた公害病「イタイイタイ病」の原因はカドミウムでした。

砂白金（Platinum sand）

イギリスのウォラストンは、新元素を発見し、1年前に発見された小惑星パラスにちなんで、パラジウムと名づけた。砂白金は、河川や河床から採掘される。パラジウムは砂白金から最初に発見された元素。

菱亜鉛鉱（Smithsonite）

硬度 4.5　比重 4.4-4.5

炭酸亜鉛からなる白、青または緑色の鉱物。名前は、発見者でイギリスの科学者 J. スミソンにちなむ。亜鉛鉱床の二次鉱物。[中国]

硫カドミウム鉱（Greenockite）

硬度 3-3.5　比重 4.9

硫化カドミウムでできた鉱物で濃い黄色の皮殻状。亜鉛鉱に伴い見つかる。六方晶系。顔料に使われる。[ポーランド]

ゴッホと賢治——新しいものを求めて

ヴィンセント・ファン・ゴッホが描いた『ひまわり』の絵をご覧になられた方は多いでしょう。ヴィンセントはオランダで牧師の長男として1853年に生まれました。フランスのミレーの絵画に強い衝撃を受け、画家として生きることを決心して、美しい感動的な絵画をたくさん描きました。しかし、それらは生きているあいだにはほとんど評価されず、苦しみ悶えて、1891年に37歳の若さで自ら命を絶ちました。

ヴィンセントが亡くなった6年後の1896年、日本の岩手県の花巻で、古着商・質屋の長男として宮沢賢治が生まれました。同じ岩手県生まれの石川啄木の詩歌に強い衝撃を受けて短歌や詩をつくりはじめました。賢治は、独自の世界をつくり、多数の素晴らしい詩や童話を生みだしました。しかし、ヴィンセントと同じく、これらのたくさんの作品は生きているあいだにほとんど知られず、病に倒れて37歳で亡くなりました。

オランダのヴィンセントと日本の賢治、この2人の生涯に共通しているものは、時代にとらわれず独自に「新しいもの」を追い求めたことだと感じます。

ヴィンセントは、自然の光をいかに描くかを求め、伝統的なヨーロッパ絵画には見られなかった新しい感性を取り入れて、絵画に変革をもたらしました。一方、賢治は、日本の詩歌にまったく新しい感覚と表現法をもたらしました。詩人の草野心平（1903~1988）は、「現在の詩壇に天才がゐるとしたなら、私はその名誉ある〝天才〟は宮沢賢治だと言ひたい。世界の一流詩人に伍しても彼は断然異常な光を放っている。彼の存在は私に光を与える。」と無名であった賢治をいち早く、高く評価していました。[1]

色彩の使い方にも、2人には際立って共通な部分がみられます。ヴィンセントは「青」で「光や空」を描きました。一方、賢治は「青」をとくに好み、何十通りもの言葉で、自分の心の動きや自然をあらわしました。ヴィンセントは、『ひまわり』で代表されるように、黄色い絵の具を用いて自然をいかに描くかに挑戦しました。「ここの太陽、この光、どういえばいいのか？　いい言葉が見つからないから、ただ黄色、薄い硫黄の黄色、薄い金色のレモンというほかはない。この黄色は実に素晴らしい。」と語っています。[2]一方、賢治は、童話『黄いろのトマト』『ペンネンネンネンネン・

ネネムの伝記』などで代表されるように、黄色や黄金、そして黄色い鉱物などを作品に多くとり入れています。

ヴィンセントは「自分が微小であることを感じない人間、自分が1個の原子にすぎぬことを理解しない人間がいかに根本的に誤っていることか」と語っています。(2) 自らを冷静に見つめ、自分は自然を構成する原子の1個だとしていることが印象的です。賢治も『思索メモ』のなかで「生物－分子－原子－電子－真空」と描き、自然、生物そして自分は物質の階層構造から成り立つと記しています（23ページ参照）。

ヴィンセントと賢治が亡くなって100年ほどが経ちました。ヴィンセントの絵を見ているといま描かれたばかりのようにみずみずしく、賢治の詩や童話はいまつくられ、賢治が自ら読み聞かせしているような新鮮さを感じます。

私たちはなぜこのような感動を覚えるのでしょうか？

私は、ドイツの思想家ヴァルター・ベンヤミン（1892～1940）の言葉を思い起こさずにはいられません。「現代の人間にとって極端に新奇なものはひとつしかない―そしてそれは同一な新奇、すなわち死である。(3)」ヴィンセントも賢治も、自らが信じたただひとつの「新しいもの」を発見し、人々に伝えて、2人とも37歳という若さで亡くなったからではないでしょうか。

宮沢賢治は、このように独自の世界を切りひらき、『雨にも負けず』や『銀河鉄道の夜』、『風の又三郎』、『春と修羅』など多くの素晴らしい作品を残し、人々に希望や勇気、そして生きる喜びをあたえています。

ゴッホの『ひまわり』

1 草野心平、「詩神」、1926年8月号。
2 ファン・ゴッホ、二見史郎 訳、『ファン・ゴッホ書簡全集』、みすず書房（1970）。
3 ヴァルター・ベンヤミン、円子修平訳、『ヴァルター・ベンヤミン著作集6 セントラル・パーク』、晶文社（1970）。
4 伊勢英子、『ふたりのゴッホ　ゴッホと賢治37年の軌跡』新潮社（2005）。

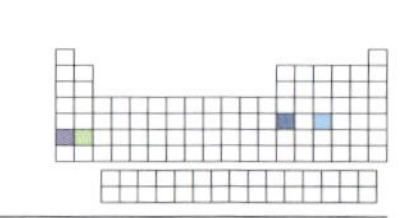

元素記号 In　インジウム Indium　原子番号 49

ドイツのリヒターとライヒは閃亜鉛鉱の成分を調べ（分析）て、1863年に光の強さと波長（発光スペクトル）のなかに新元素を発見しました。輝線スペクトルの色が藍色だったため、そのラテン語 *indicum* からインジウムと名づけました。インジウム酸化物と酸化スズの化合物ITO（透明電導膜）は、液晶パネルやプラズマディスプレイの透明電極に使われます。北海道の豊羽鉱山など、日本は閃亜鉛鉱（インジウム）の最大の産出国でしたが、取りつくしたため2006年に閉山しました。

●櫻井鉱（Sakuraiite）　硬度 4　比重 4.45

正方晶系。緑色味をおびた鋼灰色。金属光沢。兵庫県生野鉱山の帯状構造脈中に黄錫鉱、黄銅鉱と共生する。鉱物学者の櫻井欽一にちなむ。[兵庫県生野鉱山]

元素記号 Sb　アンチモン Antimony　原子番号 51

アンチモンを含む輝安鉱は銀色に美しく輝き、刀のように鋭い結晶系をしています。輝安鉱は古代から用いられ、クレオパトラは眉墨に使ったと伝えられています。アンチモンの元素記号Sbは、眉墨のラテン語名 *stibium* がもとになっています。元素名は、ギリシャ語の「反対する *anti*（アンチ）」と「ひとつ *monos*（モノス）」をつないで「単独では見いだされない」に由来するといわれます。鉛蓄電池の電極、ハンダ合金や半導体の材料などのほか、三酸化アンチモンは難燃剤として利用されています。

●輝安鉱（Stibnite）　硬度 2　比重 4.6

アンチモンの硫化物、直方晶系。銀灰色、刀剣のように輝く美しい結晶で日本を代表する鉱物。世界の博物館で展示されている。アンチモンは古代から知られていた。古代ギリシャの女性たちやエジプトのクレオパトラが眉墨やアイシャドウに使った黒色の鉱物粉末は、現在の輝安鉱と考えられている。[愛媛県市ノ川鉱山]

元素記号 **Cs** **セシウム** Caesium 原子番号 **55**

ドイツのキルヒホフとブンゼンは、自分たちでつくった炎光分光分析器で、鉱泉中に2本の光の線（輝線スペクトル）を見つけました。そのうちの1本はストロンチウムで、もう1本は青い輝線スペクトルでした。セシウムは、ラテン語の「空の青色」を示す「*caesius*（カエシウス）」にちなんだ名前で、分光器を用いて発見された最初の元素。単体のセシウムは、1882年にドイツのセッテルベルクが取りだしました。セシウムを含む鉱石は、ポルクス石や紅雲母など。セシウムには39種類の同位体があります。

●ポルクス石（Pollucite）

硬度 6.5-7　比重 2.7-3.0

等軸晶系。方沸石グループ。白いガラス光沢。透明から半透明。1846年、水色のポルクス石が発見されたが、新元素は発見されなかった。イタリアのビザニがポルクス石を研究してセシウムが含まれていることを確認した。[茨城県妙見山]

元素記号 **Ba** **バリウム** Barium 原子番号 **56**

胃のレントゲン検査に使われるバリウムは、硫酸バリウム $BaSO_4$。バリウムがX線を通しにくい性質を利用し、胃腸の検査に使っています。古くから知られていた重晶石（ボローニャ石）からバリウムを発見したのは、イギリスのデービー。1808年に、ギリシャ語の「重い *barys*（バリイス）」から56番新元素をバリウムと名づけました。重晶石に紫外線を当てると光ります。バリウムを含む重土石の成分は $BaCO_3$。炎に入れると緑色の光を出すため、花火の原料にも使われています。

●重晶石（Barite）　硬度 3-3.5　比重 4.4-4.5

直方晶系。ガラス光沢。17世紀のはじめ、ボローニャのカッシャローニは、バリウムの硫酸塩、重晶石を熱すると赤く輝くことを知っていた。シェーレが「重土バラス」から重晶石と名づけ、1808年にデービーが電解法を用いてバリウムだけを取りだした。[中国]

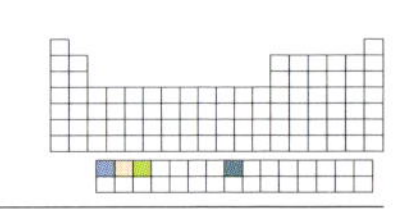

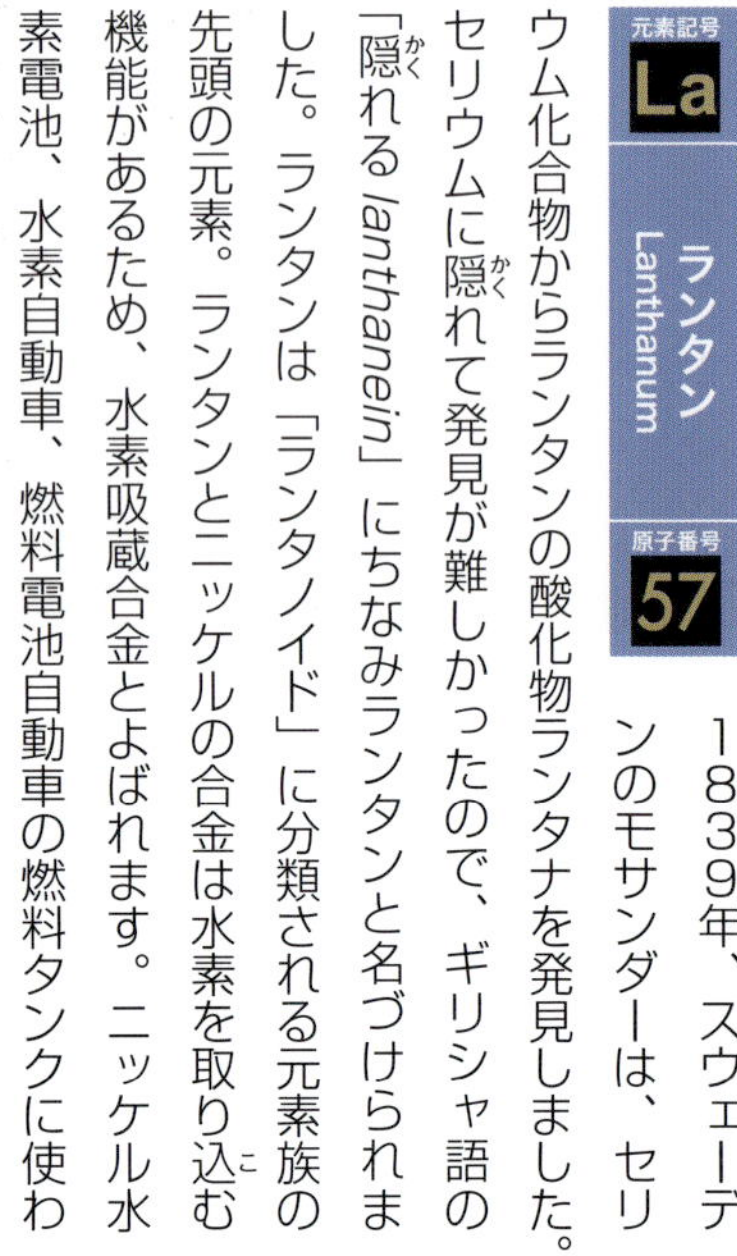

元素記号 **La**

ランタン Lanthanum

原子番号 **57**

1839年、スウェーデンのモサンダーは、セリウム化合物からランタンの酸化物ランタナを発見しました。セリウムに隠れて発見が難しかったので、ギリシャ語の「隠れる *lanthanein*」にちなみランタンと名づけられました。ランタンは「ランタノイド」に分類される元素族の先頭の元素。ランタンとニッケルの合金は水素を取り込む機能があるため、水素吸蔵合金とよばれます。ニッケル水素電池、水素自動車、燃料電池自動車の燃料タンクに使われ、次世代の水素社会を担う元素として期待されています。

元素記号 **Ce**

セリウム Cerium

原子番号 **58**

スウェーデンのベルセーリウスとヒシンイェルは、セル石から新しい化合物を1803年に発見しました。その2年前に発見され、ローマ神話の女神に由来して名づけられていた準惑星ケレスにちなみ、元素名をセリウムとしました。セリウムはランタノイドのなかで、地下100メートルまでの地殻中にもっとも多い元素です。セリウムの用途は多く、ガラスや液晶パネルの原料、宝石の研磨剤のほか、紫外線吸収ガラスとして自動車のフロントガラスやサングラスの材料に使われています。

(Ca,La)(CO$_3$)F

●バストネス石〔Bastnäsite-(Ce)〕

硬度 4-5　比重 5

バストネサイトともいう。炭酸塩鉱物、フッ化鉱物。希土類元素を含み、明るく透明な褐色、紅色。名前はスウェーデンのバストネス鉱山で発見されたことにちなむ。［カザフスタン］

(Ce,La,Ca)$_9$(Mg,Fe)(SiO$_4$)$_3$(SiO$_3$(OH))$_4$(OH)$_3$

●セル石〔Cerite-(Ce)〕

硬度 5.0-5.5　比重 4.7-4.86

セリウムを主成分とするケイ酸塩鉱物。暗赤紫色。1801年に、イットリア（ガドリン石）からセリウムの酸化物が発見された。［朝鮮半島、平康郡］

(Ce,La,Nd,Th)(PO$_4$)

●モナズ石〔Monazite-(Ce)〕

硬度 5-5.5　比重 4.8-5.5

リン酸塩鉱物。単斜晶系、希土類元素のセリウムをもっとも多く含む。粒状・短柱状結晶。半透明で樹脂状。光沢があり、黄褐色あるいは赤褐色。［福島県石川］

元素記号 **Pr**

プラセオジム Praseodymium

原子番号 **59**

長いあいだ、純粋な元素とされ、メンデレーエフの最初の元素周期表にものっていた「ジジミウム（双子の意）」から、オーストリアのウェルスバッハは、1885年にネオジムとプラセオジムを発見しました。プラセオジムの結晶は緑色をしていたため、ギリシャ語の「ニラ・うすい緑色 *prasios*（プラシオス）」と「ジジミウム Didymium」をつないで、「プラセオジム」と名づけられました。モナズ石やバストネス石、サマルスキー石に含まれています。用途は光ケーブルの信号増幅剤など。

●サマルスキー石〔Samarskite-(Y)〕

硬度 5-6　比重 5.5-6.2

放射性物質を含む希土類鉱石。黒～黄褐色の角柱状の結晶。1885年、オーストリアのウェルスバッハはサマルスキー石から取りだしたジジミウムのなかに、新元素のプラセオジムとネオジムを発見した。［福島県石川］

元素記号

ガドリニウム Gadolinium

原子番号 **64**

1878年にイッテルビウムを発見したスイスのマリニャックは、「ジジミウム」をさらに調べて（分析）、1880年に新元素を発見しました。64番元素であることを確認したのは、フランスのボアボードランです（1886年）。ランタノイドとしてははじめてのイットリウム酸化物（イットリア）を発見したフィンランドのガドリンにちなんで、ガドリニウムと名づけられました。用途は広く、電磁冷凍、磁気バブル記憶装置、光ファイバー、光磁気記録用ディスク、原子炉の制御など多数あります。

$Y_2Fe, Be_2Si_2O_{10}$

●ガドリン石〔Gadolinite-(Y)〕

硬度 6.5-7　比重 4.0-4.7

黒色でガラス質の光沢をもったケイ酸塩鉱物。1792年に、この鉱物からイットリウムの酸化物をはじめて単離したフィンランドの鉱物学者ガドリンの名前にちなみ、1800年にガドリン石と名づけられた。［ノルウェー］

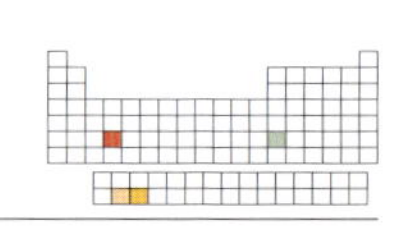

元素記号 **Hf**

ハフニウム Hafnium

原子番号 **72**

72番元素の発見は、デンマークのボーアの確信からはじまりました。第4族のジルコニウムの下には、ジルコニウムに似た元素があると予測したのです。オランダのコスターとハンガリーのヘベシーが鉱石ジルコンを用いて研究し、1923年に新元素を発見しました。ボーア研究所のあるコペンハーゲンのラテン語名*Hafnia*（ハフニア）にちなんでハフニウムと名づけられました。

ハフニウムは中性子をよく吸収するため原子炉の制御棒に利用されています。

●ジルコン（Zircon） 硬度 7.5 比重 4.6-4.7

正晶系。ジルコンの組成は $ZrSiO_4$ であらわされるが、ジルコニウムはハフニウム（Hf、Th、U、Y）により置きかえられ、ハフニウムの多いものはハフノン（Hafnon、$HfSiO_4$）という。天然ではつねにジルコンに混じって産出。［ロシア、イルメン］

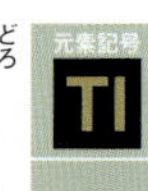

元素記号 **Tl**

タリウム Thallium

原子番号 **81**

イギリスのクルックスは、1861年、硫酸工場の泥を分光器にかけ、光の波長を調べ（分光分析）、緑色の光の波長（スペクトル）から新元素を発見し、ギリシャ語の「緑の小枝 *thallos*（タロス）」からタリウムと名づけました。フランスのラミーは、翌年に約1グラムのタリウムをパリ科学アカデミーに提出しています。タリウムの発見者はクルックスとラミーの2人です。タリウム化合物は毒性が強く、昔はネズミやアリの駆除に使われました。タリウム201（ガンマ線）は狭心症などの診断に使われます。

●ロランド鉱（Lorandite） 硬度 2.0-2.5 比重 5.53

濃赤色、単斜晶系の結晶。タリウムの硫塩鉱物のひとつ。ごく少ない銀を含むことがあり、Tl^{+} が Tl^{3+} よりも安定なためと考えられている。［マケドニア］

元素記号 **Th**

トリウム Thorium

原子番号 **90**

スウェーデンのベルセーリウスは1828年に、ノルウェーで発見されたトール石から新元素を発見し、スカンジナビアの神話中の軍神トール Thor にちなんでトリウムと名づけました。自然界に存在するトリウムの100パーセントがトリウム232で、原子量が半分になる半減期は140億年。アクチノイドのなかでは、地殻中にもっとも多く、二酸化トリウムの融点は3390℃。耐熱性が高く化学的に安定で、るつぼやアーク溶接の電極フィラメントのコーティング材料として使用されています。

●トール石（Thorite）

硬度 4.5-5.0　比重 6.63-7.20

トリウムのケイ酸塩鉱物。正方晶系で、ジルコンやハフノンと同形。ウラン資源となる鉱物。強い放射能をもっている。［ブラジル］

元素記号 **Pa**

プロトアクチニウム Protactinium

原子番号 **91**

元素の周期表を提案したロシアのメンデレーエフは、1871年にそれを書きかえ、トリウムとウランのあいだには未知の元素があると予測。ドイツのハーンとマイトナーは、1890年に発見されたアクチニウムのもとになる元素があると考え、1918年にピッチブレンド（瀝青ウラン鉱）から半減期32760年の新元素を発見しました。プロトアクチニウムの名前は、アクチニウムに先立つ元素で、ギリシャ語の「最初の *protos*（プロトス）」に由来します。

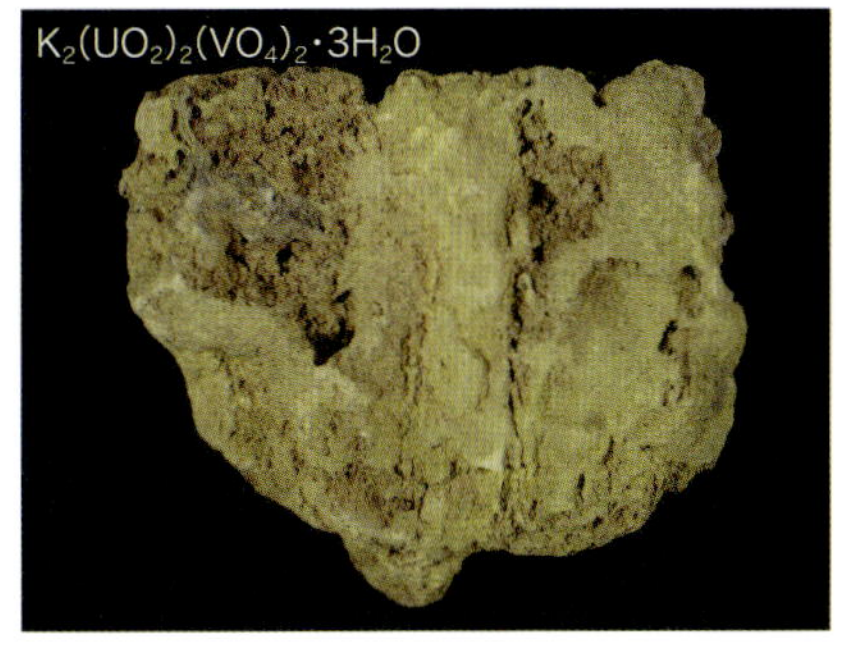

●カルノー石（Carnotite）

硬度 2.0　比重 4.70

明るい黄色～黄緑色。ウランの含有率が高いため、ウラン資源となる鉱物。カルノー石は、コロラド州のロック川で発見されたが、名前はフランスの鉱物学者カルノーにちなんで名づけられた。カルノー石中にプロトアクチニウムがわずかに含まれている。［アメリカ、コロラド］

希土類元素（レアアース）発見の苦難

元素周期表では希土類元素またはレアアース元素（スカンジウム、イットリイウムとランタノイドの合計17元素）は全元素（118元素）の7分の1を占め、これらはいまでは日常生活には欠かせないものです。しかし、それらの発見の道筋はたいへん困難でした。

1794年のイットリウムの発見から1907年のルテチウムの発見まで、戦いはじつに113年にもおよぶものとなりました。17種類の元素は互いに、ランタンにとてもよく似た化学的性質をもっていたからです。

フィンランドのガドリンは、スウェーデンのイッテルビー村の古い採石場で見つけられた鉱石（のちにガドリン石と名づけられました）について、友人からその化学成分を分析する依頼を受けました。慎重に調べ、その鉱石には、未知の元素が含まれていることを明らかにして、それを分離しイットリウム（イットリア）と名づけました。しかし、そのあと、このイットリウム中には9種類もの元素が含まれていることがわかります。このうち、イットリウム、エルビウム、テルビウム、イッテルビウムの4つの元素名は、村の名前に由来して名づけられました。

一方、同じ鉱石から、1803年にベルセーリウス、ヒシンイェルやクラップロートは新しい酸化物を見いだし、2年前に発見された小惑星ケレスにちなんで、セリウムと名づけました。ところがこの酸化物のなかにも7種類の元素が隠されていたのです。

希土類元素のなかでは、プロメチウムのみが唯一人工元素です。この元素は、天然のウランの核分裂生成物中にみられるはずですが、半減期が短いため（^{145}Pm：17.7年）自然界にはほとんど存在しません。1913年に、モーズリーにより存在が理論的に予測され、1947年にアメリカのマリンスキーらにより陽イオンクロマトグラフィーを利用して、ウランの核分裂生成物から見いだされました。

4章 元素いろいろ
——元素にまつわる豆知識

2章と3章に顔を出さなかった元素について、簡単に紹介します。

元素記号 Kr　クリプトン Krypton　原子番号 36

クリプトンは1898年に、イギリスのラムゼーとトラバースによって、液体空気から分離して発見されました。空気中にはごくわずか（1・14ppm）しかなく発見がむずかしかったため、ギリシャ語の「隠されたもの *kryptos*（クリプトス）」にちなみ元素名がつけられました。

クリプトンを入れたガラス管に高い電圧をかけると、青白い光を出して輝きます。アルゴンガスが入っているシリカ電球とくらべ、クリプトン電球は発熱しにくく、長もちします。しかし、これらの白熱電球は、蛍光灯やLEDランプに置きかえられつつあります。

元素記号 Xe　キセノン Xenon　原子番号 54

イギリスのラムゼーとトラバースは、1898年に液体空気のなかにネオン、クリプトンとともに新しい気体元素を発見しました。元素名はギリシャ語の「外国人、なじみにくい *xenos*（クセノス）」にちなんでキセノンと名づけられました。

キセノンランプは、内視鏡や自動車のヘッドライトに使用されています。火星と木星の間の小惑星を探索するNASAの無人探査機「ドーン」や小惑星探査機「はやぶさ」のイオンエンジンに使われ、約66キログラムのキセノンが「はやぶさ」の7年間で60億キロメートルの旅をささえました。

元素記号 Nd　ネオジム Neodymium　原子番号 60

1885年オーストリアのウェルスバッハは、混じりけのない純粋元素と考えられていた「ジジミウム」から、ネオジムとプラセオジムを発見しました。ラテン語の「新しい *neos* ネオス」と「ジジミウム」とを組み合わせ「ネオジム」と名づけました。

ネオジム、鉄、ホウ素からつくられた「ネオジム磁石」は、1984年にアメリカのゼネラルモーターズと日本の住友特殊金属（現日立金属）の佐川眞一らが発明しました。フェライト磁石（酸化鉄磁石）の10倍以上の強さをもつ世界最強の永久磁石として、高性能小型モーターなどに使われています。

元素記号 Pm　プロメチウム Promethium　原子番号 61

アメリカのオークリッジ国立研究所のコライエルらは、1947年にイオン交換法でウラン238の核分裂生成物から新元素を発見しました。1913年にイギリスのモーズリーが存在を予言した61番元素でした。元素名はコライエルの妻のすすめで、人類に火をもたらしたというギリシャ神話の神、プロメテウスにちなんでプロメチウムになりました。

ランタノイド元素のなかでは、ただひとつの放射性元素です。プロメチウムの同位体（同じ原子でも中性子の数が異なる）はすべて放射性で、暗やみで青白色～緑色に光ります。

元素記号 **Sm**

サマリウム Samarium

原子番号 **62**

1879年、フランスのボアボードランは、1840年に発見され、単一元素と考えられていた「ジジミウム」から新元素を発見しました。元素名は、研究に用いた鉱石サマルスキー石にちなんでサマリウムと名づけられました。のちに、このサマリウムから、ガドリニウム（1880年）とユウロピウム（1896年）の2つの元素が発見されています。

永久磁石「サマリウム・コバルト磁石」や、自動車の排気ガスを浄化する触媒に、また、放射性サマリウム147は1090億年という長い半減期をもち、太陽系の年代測定に使われています。

元素記号 **Eu**

ユウロピウム Europium

原子番号 **63**

フランスのドマルセは、サマリウム元素をくわしく調べ、1896年、そのなかに新しい線スペクトルを発見しました。新元素は、ヨーロッパ大陸にちなんでユウロピウムと名づけられました。ユウロピウムは、1794年に発見されたイットリウムからはじまるレアアース元素の約100年におよぶ研究の歴史の最後をかざる元素となりました。

+3イオンをもつ酸化ユウロピウムは赤色に光るため、1968年にカラーテレビ「キドカラー」の蛍光体として使われ、有機化合物との錯体はユーロ紙幣に印刷され、偽造防止の役割を果たしています。

元素記号 **Tb**

テルビウム Terbium

原子番号 **65**

フィンランドのガドリンが発見したイットリウム酸化物（イットリア）から、スウェーデンのモサンダーは1843年に2つの新元素を発見しました。65番元素は、分析に使った鉱石が産出されたスウェーデンの町「イッテルビー」にちなんで、テルビウムと名づけられました。

コンピュータの記録媒体である光磁気ディスクには、テルビウム－鉄－コバルト合金が使われています。テルビウム－鉄、テルビウム－ジスプロシウム－鉄合金は「磁気ひずみ」や「磁歪」という性質をもち、インクジェットプリンターの印字ヘッドに利用されます。

元素記号 **Dy**

ジスプロシウム Dysprosium

原子番号 **66**

純粋なホルミウムと考えられていた物質の光の信号（スペクトル）を分析していたフランスのボアボードランは、1886年に未知の信号を発見しました。それから再結晶をくり返して新元素をとりだし、ギリシャ語の「近づきがたい *dysprositos*」にちなんでジスプロシウムと名づけました。

鉱石ゼノタイムには、この元素が多く含まれています。ジスプロシウムの光エネルギーを蓄える性質（蓄光）を利用して「非常口のマーク」に、高熱に強いネオジム－ジスプロシウム磁石はハイブリッド車の駆動モーターに使われています。

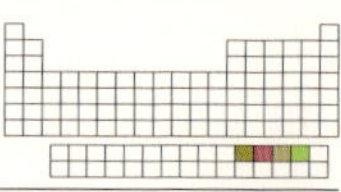

Ho ホルミウム Holmium 原子番号 67

スウェーデンのクレーベは、１８７８年にエルビウムの酸化物から67番元素（ホルミウム）と69番元素（ツリウム）を取りだしました。67番元素は、スウェーデンの首都ストックホルムの古い名前「ホルミア」にちなんで、ホルミウムと名づけられました。

医療用としてＹＡＧ（イットリウム・アルミニウム・ガーネット）レーザーにホルミウムを加えた発熱量の少ないＹＡＧホルミウムレーザーメスが開発され、前立腺のような硬い人体組織の切開や尿路結石の破砕、止血に利用されています。酸化ホルミウムは、ガラスの黄色着色剤としても使われています。

Er エルビウム Erbium 原子番号 68

１７９４年にフィンランドのガドリンが発見したイットリウムの酸化物（イットリア）を研究していたスウェーデンのモサンダーは、１８４３年に、この物質から65番元素テルビウムと68番目の新元素を発見しました。この新元素は、スウェーデンの町イッテルビーにちなんで、エルビウムと名づけられました。

これまでの光ファイバーは、長距離になると信号強度が下がるため、光を電気信号に変え増幅していました。エルビウムを加えると、光が通るだけで光増幅できるため、１０００キロメートル以上の距離でも光信号を送れるようになりました。

Tm ツリウム Thulium 原子番号 69

エルビウムの酸化物から、スウェーデンのクレーベが１８７７年に、ホルミウムとともに69番元素を発見しました。新元素は、スカンジナビアの古い名前「ツーレ」にちなんでツリウムと名づけられました。

ツリウムは希土類元素（レアアース）のなかでは地下１００メートルまでの地殻中にもっとも少ない元素です。量が少ないので、レアアースのなかでもっとも高価です。ツリウムを光ファイバーに加えると、エルビウムを加えた光ファイバーアンプが対応できない波長の光の幅を広くできるため、光信号の容量を増やすことができます。

Yb イッテルビウム Ytterbium 原子番号 70

スウェーデンのモサンダーが１８４３年に発見したエルビウムは、長いあいだ純粋な元素と考えられていました。１８７８年、スイスのマリニャックは、このなかに新しい元素が含まれていることを見いだしました。70番元素は、スウェーデンの町「イッテルビー」にちなんでイッテルビウムと名づけられました。

イッテルビウムはガラスの着色剤（黄緑色）や光ファイバーの添加剤として利用されています。また、高温の金属やセラミックスから放射される赤外光のエネルギーを電気エネルギーに変える光熱起電力発電システムに使われています。

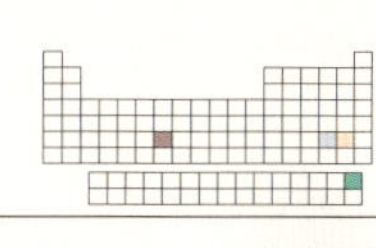

元素記号 **Lu**
ルテチウム Lutetium
原子番号 **71**

71番元素には、オーストリアのウェルスバッハ、アメリカのジェームスそしてフランスのユルバン、3人の研究者がそれぞれ独自に発見した歴史があります。発見の発表がもっとも早かったユルバンに新元素の命名権があたえられ、フランスの古い名前「ルテチア」にちなんで1907年にルテチウムと名づけられました。

1803年、セリウムからはじまったランタノイド発見の旅は、104年後、ルテチウムの発見で終わりました。その利用は、カラーテレビ、蛍光剤、PET（陽電子放出断層撮影）装置へと広がりました。

元素記号 **Re**
レニウム Rhenium
原子番号 **75**

レニウムほど理論的に予測され、さまざまな鉱石を用いて研究された元素はありません。多くの困難を乗り越えてドイツのノダック、タッケとベルクは、1928年に輝水鉛鉱（硫化モリブデン）から120ミリグラムの新元素を取りだしました。ライン川のラテン語名「*Rhenus*（レーヌス）」にちなんでレニウムと名づけられました。

熱伝導性が大きいためタングステンとの合金は高温用温度センサや質量分析計のフィラメントに、また、ニッケルとレニウムの合金は耐熱性超合金スーパーアレイとしてジェットエンジンなどに使われています。

元素記号 **Po**
ポロニウム Polonium
原子番号 **84**

84番元素は、ロシアのメンデレーエフが「エカテルル」名づけ、存在を予言していました。ポーランド生まれのマリーは、フランス人の夫ピエール・キュリーとともに、1898年、ピッチブレンド（瀝青ウラン鉱）から84番元素を発見しました。新元素は、マリーの生まれた国ポーランドのラテン語名にちなんでポロニウムと名づけられました。

ポロニウムは天然からはじめて発見された放射性元素で、強いアルファ線を放出します。純粋なポロニウムが取りだされたのは、約50年後の1946年で、原子力電池に使われています。

元素記号 **At**
アスタチン Astatine
原子番号 **85**

イタリア生まれのアメリカ人セグレらは、1940年に原子炉でビスマスの同位体、ビスマス209にアルファ線（He）を当てて85番元素をつくることに成功しました。新元素はたいへん不安定で、原子の数が半分になる半減期が一番長い同位体、アスタチン210でも8.1時間です。そのため、ギリシャ語の「不安定 *astatos*」にちなんでアスタチンと名づけられました。

同位体のアスタチン211が細胞に障害をあたえる性質と、アスタチンがハロゲン元素であることを利用して、甲状腺がんの治療に応用する研究が進んでいます。

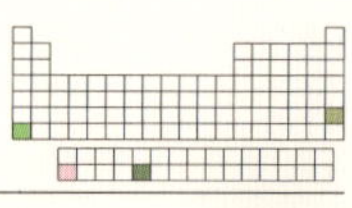

ラドン Radon

1898年にラジウムを発見したキュリー夫妻は、そのころからラジウムに接した空気が放射能をもつことに気づいていました。この問題は、1900年にドイツのドルンが、ラジウムが放射性の気体に変化することを見いだして解決しました。イギリスのラザフォードはこの気体が貴ガスであることを見いだし、イギリスのラムゼーとグレイがもっとも重い貴ガスであることを1911年に確認しました。

1923年の国際会議で、ラジウムにちなんでラドンと名づけられました。ごく微量のラドンを含む温泉は人々に楽しまれています。

フランシウム Francium

原子番号 87

キュリー研究所でマリー・キュリーの助手として研究していたフランスのペレーは、1939年にアクチニウムがアルファ崩壊することに気づき、新元素を発見しました。87番元素は、フランスにちなんでフランシウムと名づけられました。

アクチニウムはほとんどがベータ崩壊するため、アルファ崩壊してできるフランシウムの存在は、長いあいだ見落とされていました。この発見は、ペレーの粘り強い観察の成果でした。アクチニウムは自然界にある元素として最後に発見され、化学的性質から最後のアルカリ金属元素であることがわかりました。

アクチニウム Actinium

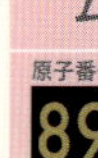

キュリー夫妻が1898年にポロニウムを発見した翌年の1899年、フランスのドビエルヌはウランを分離したピッチブレンドの残渣から、アルファ線を放出する新しい放射性元素を発見しました。新元素は、ギリシャ語の「光線 *aktis*、*aktinos*」に由来してアクチニウムと名づけられました。

アクチニウムは87番から103番の15元素を含むアクチノイドの最初の元素です。アクチノイドは+3や+4イオンをつくり、これらのイオン半径は原子番号が増えるにしたがって小さくなるので、アクチノイド収縮とよばれます。

天然に存在するもっとも重い元素はウランであると、ロシアのメンデレーエフは考えていました。

アメリカのマクミランとアベルソンは、サイクロトロンでウランに中性子を当て、1940年にウランより重い93番元素、超ウラン元素の合成に成功しました。ウランのとなりで、天王星の次に発見された「海王星 Neptune（ネプチューン）」にちなみ、ネプツニウムと名づけられました。1944年には金属ネプツニウムがつくられ、つぎつぎと超ウラン元素が合成されました。1951年、微量のネプツニウムがカルノー石から発見されました。

貴ガス元素――ラムゼーの貢献

太陽光を分光器で分解したスペクトルから発見された最初の元素は、ヘリウムでした。1868年、ロッキャーは皆既日食のときにそれを見つけ、ギリシャ語の太陽 *helios* にちなんでヘリウムと名づけました。

しかし、この元素はウラン鉱石クレーベ石中にもあることをヒルデブランドが1890年に見つけ、1895年にラムゼーが確認しました。この前年に、ラムゼーはレイリーとともに空気から得た窒素ガスのなかから、アルゴンを発見していました。そのあとも共同研究者とともに、1898年にクリプトン、キセノン、ネオンを液体空気から分離し、1902年にラザフォードが発見したラドンは、もっとも重い貴ガスであることを見つけました。ラムゼーはすべての貴ガス元素の発見にかかわりました。メンデレーエフは周期表に新しいもうひとつ枠（族）をおき、新元素（貴ガス元素）をすべてそのなかに取りこみました。

放射性元素の発見――パラダイムの変換

現在、放射性元素に分類されているウランとトリウムは、1789年にクラップロートが、1828年にベルセーリウスが化学分析法により発見しました。

当時、これらが放射能をもつことは考えられていませんでした。1895年キュリー夫妻は、ピッチブレンド（瀝青ウラン鉱）からポロニウムを発見し、アルファ線を放出する放射性元素であることを、明らかにしたのです。続いてキュリー夫妻は、りん光を発するラジウムを発見し、天然元素が自発的に放射線を放出して「壊変または崩壊」する新しい現象を証明しました。そのあとも、続々と放射性元素、アクチニウム、ラドンなどが発見され、ウランやトリウムも放射性元素の仲間入りをしました。放射性元素の発見は、元素の考え方を基本的に変え、20世紀の新時代を拓きました。

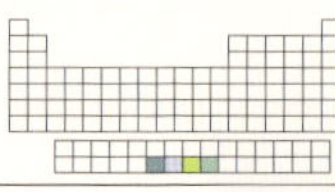

プルトニウム Plutonium（元素記号 Pu　原子番号 94）

アメリカのシーボーグらは、1940年にサイクロトロンでウランに重陽子（重水素の原子核）をぶつけ94番元素を合成し、海王星の次に発見された「冥王星 Pluto」にちなみプルトニウムと名づけました。1941年に、ウラン238に中性子を照射してプルトニウム239が、1942年には金属プルトニウムが合成されました。

プルトニウム239は原子力電池に使われています。1977年に打ち上げられた無人探査機「ボイジャー」1号と2号や、2017年に20年間の役割を終えた土星探査機「カッシーニ」にも積みこまれました。

アメリシウム Americium（元素記号 Am　原子番号 95）

1945年、アメリカのシーボーグらは原子炉内でプルトニウム239に中性子を当て、95番元素の人工合成に成功しました。

95番元素は、周期表でランタノイドの63番元素の真下に位置します。ヨーロッパ大陸にちなんだ63番元素名ユウロピウムに対応して、95番元素は、アメリカ大陸にちなんでアメリシウムと名づけられました。

金属アメリシウムは、1951年につくられました。アメリシウムは、原子炉内でプルトニウムから多量生産ができます。海外では、イオン煙感知器のセンサに用いられたこともありました。

キュリウム Curium（元素記号 Cu　原子番号 96）

アメリカのシーボーグらは1944年、サイクロトロンを使ってプルトニウム239にヘリウムイオンを当て、96番元素の人工合成に成功しました。

周期表でランタノイドの64番元素ガドリニウムの真下に位置します。その名前が発見者ガドリンに由来していたため、96番元素は、放射性元素の発見者であるキュリー夫妻の業績をたたえてキュリウムと名づけられました。

金属キュリウムは1951年に合成されました。人工衛星の熱伝発電装置の基材や、月探査ロケットや火星探査機で岩石や土壌の元素組成の分析に使われました。

バークリウム Berkelium（元素記号 Bk　原子番号 97）

ある元素にさまざまな粒子を衝突させれば、さらに新しい人工元素が合成される可能性があることがわかってきました。アメリカのシーボーグらは、この考え方にもとづき、サイクロトロンを使ってアメリシウムにアルファ粒子（He）を当て、1949年に97番の新元素の合成に成功しました。

周期表で真上の元素名テルビウムは、スウェーデンの地名に由来していました。そのため、対応する97番元素には、元素が誕生したバークレー市にちなんでバークリウムと名づけられました。

金属バークリウムは、1971年に合成されました。

1950年、アメリカのシーボーグらは、サイクロトロンを使い、新人工元素キュリウム242にアルファ粒子をぶつけて98番元素（カリホルニウム245）をつくりました。

新しい元素名は、元素を合成したバークレー国立研究所がカリフォルニア州にあることにちなんでいます。日本語のカタカナでは、カリホルニウムとあらわします。

金属カリホルニウムは1971年につくられました。同位体は20種類が知られ、カルホルニウム252は自然に核分裂をするため、中性子源や中性子を当てるがん治療につかわれています。

西太平洋のマーシャル諸島のエニウェトク環礁で、1952年、アメリカが世界初の水素爆弾実験をしました。実験後に残された土や灰のなかから、アメリカのシーボーグらを中心とする研究グループが、99番と100番元素を発見しました。99番元素は、ドイツの理論物理学者アインシュタインにちなみ、アインスタイニウムと名づけられました。

99番と100番元素は、実験ではなく、偶然に発見された元素で、1955年に発表されました。人工的には、バークリウムにアルファ粒子を、プルトニウム239に中性子を当ててつくられます。

100番元素は、1952年のアメリカの水爆実験後の土や灰のなかから、アインスタイニウムとともに偶然に発見されました。

新元素は、核開発にかかわったイタリアの原子物理学者フェルミにちなみ、フェルミウムと名づけられました。フェルミウムは、原子炉や核爆発による連鎖反応でつくられるもっとも重い最後の元素になりました。

原子番号が100よりも大きい元素はすべて加速器でつくられます。1953年にスウェーデンのノーベル物理学研究所で、ウラン238に酸素16を当て、フェルミウム260が合成されました。

フェルミウムより原子番号の大きい元素は、原子炉内で元素に中性子を当てる方法では合成できません。中性子を取り込んだ核種が自然に核分裂をする（自然核分裂）ため、寿命がたいへん短く、目的とする元素の濃度が得られないからです。1955年、アメリカのシーボーグのグループがサイクロトロンを使い、アインスタイニウムにアルファ粒子をぶつけて101番元素を5個合成しました。

新元素名は、元素周期表の創始者であるロシアの化学者メンデレーエフにちなみ、メンデレビウムと名づけられました。同位体は15種類あります。

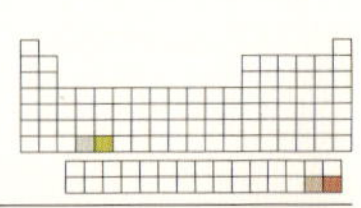

102番元素は、1957年に重イオンサイクロトロンを使ってノーベル物理学研究所のチームが発見したとして、ノーベリウムと命名していました。しかし、ほかのチームが同じ方法で追試しても、成功しませんでした。1958年、アメリカのシーボーグのグループは重イオン線形加速器を使い、カリホルニウムに炭素を当て102番元素の合成に成功しました。同じころ、旧ソ連のフレロフのグループも同じ方法で102番元素を合成しました。

元素名は、ノーベル賞の創始者であるノーベルにちなんだ、ノーベリウムが採用されました。

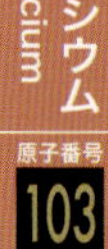

1961年にアメリカのギオルソのグループは重イオン線形加速器を使って、カリホルニウムにホウ素11を当て103番元素の合成に成功しました。

元素名は、サイクロトロンを発明したアメリカのローレンスを讃えてローレンシウムと名づけられました。その4年後、ロシアのドブナ合同原子核研究所のグループから同じ結果が出されました。

2015年ローレンシウムの電子配置は、日本原子力研究開発機構の成果から変更され、[Rn] $5f^{14}$ $7s^{2}$ $7p^{1}$ と示されています。今後、周期表上の位置が議論されるようです。

1964年、ロシアのフレロフらはプルトニウムにネオン22を当て、104番元素の合成に成功し、その塩化物はハフニウムによく似た化学的性質を示しました。1969年アメリカのギオルソのグループは合成した104番元素を陽イオン交換樹脂で分離し、ジルコニウムやハフニウムによく似ていることを確かめました。1997年に、イギリスの物理学者ラザフォードにちなみラザホージウムと名づけられました。

原子核がアルファ粒子で破壊されることを発見したラザフォードは、1908年にノーベル化学賞を受賞しています。

1970年、ロシアのドゥブナにある研究所でフレロフのグループが、アメリシウム243にネオン22を当て105番元素の合成に成功したと発表しました。3年後の1973年、アメリカのギオルソのグループも、カリホルニウム249に窒素原子を当てて、105番元素の合成に成功したと発表しました。

2つのグループから、それぞれにちがう元素名が提案されました。新元素名の決定は国際純正・応用化学連合（IUPAC）の調停で、1997年にロシアのドゥブナ原子核共同研究所のあるドゥブナにちなんでドブニウムになりました。

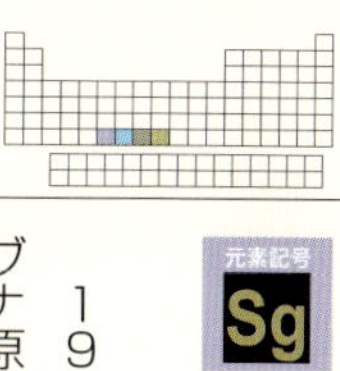

元素記号 **Sg**
シーボーギウム Seaborgium
原子番号 **106**

1974年、ロシアのドゥブナ原子核研究所は「コールドフュージョン法」を用いて鉛にクロムを当て、106番元素を合成したと発表しましたが、ほかのグループが同じ実験をしても106番元素は合成できませんでした。同年、アメリカのグループは酸素原子をアメリシウムに衝突させて106番元素の合成に成功し、発見者はアメリカのグループとされました。

元素名は、94番から102番までの元素の合成に成功し、1951年にノーベル化学賞を受賞したアメリカの物理学者シーボーグにちなんでシーボーギウムと名づけられました。

元素記号 **Bh**
ボーリウム Bohrium
原子番号 **107**

107番元素は、1976年にロシアのドゥブナ原子核研究所が合成を発表しましたが、ほかのグループが同じ方法を使っても新元素は得られませんでした。1981年、ドイツの重イオン研究所のグループは加速器を使ってクロムをビスマスに当て、107番元素の合成に成功しました。

超ウラン元素の元素名はデンマークの物理学者ニールス・ボーアにちなみ、ボーリウムと名づけられました。

デンマークのコペンハーゲンに生まれたボーアは、原子の構造を解明するために量子力学を確立し、1922年にノーベル物理学賞を受賞しました。

元素記号 **Hs**
ハッシウム Hassium
原子番号 **108**

1984年、ドイツの重イオン研究所のグループは、加速器を使って鉛に鉄を当て、108番元素の合成に成功しました。同年、ロシアとアメリカの合同研究グループは、ウランに硫黄を当て、108番元素を合成しました。元素の命名権はドイツグループに与えられました。新元素名は、重イオン研究所のあるドイツ中央西部に位置するヘッセン州のラテン語名「*Hessia*（ハッシア）」にちなみ、ハッシウムと名づけられました。

もっとも安定した同位体の半減期は、約12分です。アルファ崩壊してシーボーギウムになるか、自発的核分裂で崩壊します。

元素記号 **Mt**
マイトネリウム Meitnerium
原子番号 **109**

ドイツの重イオン研究所の研究グループは、1982年に鉄をビスマスに当て109番元素を合成しました。そのとき見つかったのは、わずか1原子でした。109番元素の名前は、オーストリアの物理学者リーゼ・マイトナーにちなんで1997年につけられました。

彼女は、ハーンとともにプロトアクチニウムを発見し、さらにハーンやストラスマンとともにウランの核分裂を発見し、その現象を理論的に明らかにしました。

マイトネリウムのもっとも安定した同位体の半減期は0.07秒。アルファ崩壊してボーリウムになります。

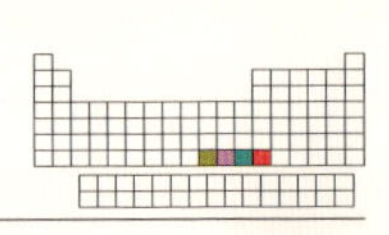

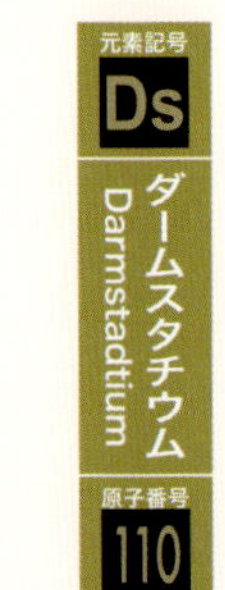

Ds ダームスタチウム Darmstadtium 原子番号 110

ドイツの重イオン研究所のアームブラスターとホフマンの研究チームは、1994年、鉛にニッケルを当て110番元素の合成に成功したと発表しました。翌年、ロシアとアメリカの合同研究グループも110番元素の合成を発表しましたが、命名権はドイツに与えられました。研究所のあるドイツのヘッセン州南部の郡独立市ダルムシュタットにちなみ、ダームスタチウムと名づけられました。

10種類の放射性同位体があり、もっとも安定したダームスタチウム281の半減期はわずか11秒です。物理、化学的性質はよくわかっていません。

Rg レントゲニウム Roentgenium 原子番号 111

1994年、ドイツの重イオン研究所で、ドイツ、ロシア、フィンランド、スロバキアの国際研究チームが、加速器でビスマスにニッケルを当て、111番元素3個の合成に成功しました。この結果は、2002年に確認されました。

国際純正・応用化学連合（IUPAC）は、ドイツのレントゲンが1895年にX線を発見してから100年後に発見された新元素を記念して、2004年にレントゲニウムと名づけました。なお、レントゲンは、第1回のノーベル物理学賞を受賞しています。

もっとも安定したレントゲニウム281の半減期は23秒です。

Cn コペルニシウム Copernicium 原子番号 112

ドイツの重イオン研究所でドイツ、ロシア、フィンランド、スロバキアの国際研究チームは、1996年に加速器を使い、亜鉛を鉛に当て、112番元素2個の合成に成功しました。

国際純正・応用化学連合（IUPAC）は、2009年「世界を変えた科学者」コペルニクスをたたえ、コペルニシウムと命名し、彼の誕生日の2月19日に発表しました。

コペルニクスはポーランド出身の天文学者であり、カトリック司祭でした。精密な天体観測の結果から太陽中心説（地動説）をとなえ、当時の地球中心説（天動説）をくつがえしました。

Nh ニホニウム Nihonium 原子番号 113

2004年、理化学研究所の森田浩介を中心とする研究グループは、亜鉛をビスマスに当て113番元素1個の合成に成功しました。その後、2005年と2012年に1個ずつ合成し、崩壊する過程を明らかにしました。2004年にロシアとアメリカの合同研究グループは、アメリシウムにカルシウムを当て115番元素を合成し、崩壊途中で113番元素を確認したと発表しました。

命名権は理化学研究所にあたえられ、ニホニウムと名づけられました。元素名に日本の名前が与えられたのは、周期表の歴史上はじめてのことでした。

元素記号 Fl フレロビウム Flerovium 原子番号 114

ロシアのドゥブナ合同原子核研究所で、1998年にカルシウムをプルトニウムに当て、114番元素を合成したと発表しましたが、その後同じ実験をしても確認できませんでした。一方、2009年にアメリカのローレンス・バークレー国立研究所のグループと、2010年にドイツの重イオン研究所のグループとが同じ方法で114番元素の合成に成功しました。

命名権は最初に合成に成功したロシアに与えられました。ドゥブナ合同原子核研究所を設立したロシアのゲオルグ・フレロフにちなみ、2012年にフレロビウムと名づけられました。

元素記号 Mc モスコビウム Moscovium 原子番号 115

ロシアのドゥブナ合同原子核研究所とアメリカのローレンス・リバモア国立研究所の合同研究グループは、2004年にカルシウムをアメリシウムに当て115番元素を4個合成しました。同じグループは2010年から2012年にかけて、さらに4個の115番元素の合成にも成功しました。

命名権は2015年にロシアのドゥブナ合同原子核研究所とアメリカの2つの研究所に与えられました。国際純正・応用化学連合（IUPAC）は2016年末に、ロシアのドゥブナ合同原子核研究所のあるモスクワ州にちなんでモスコビウムと名づけました。

元素記号 Lv リバモリウム Livermorium 原子番号 116

ロシアのドゥブナ合同原子核研究所は、2000年にカルシウムをキュリウムに当て、116番元素を合成したと発表しました。その後、約30個の原子がつくられ、2011年に新元素として認められました。

116番元素は、はじめ、ロシアのドゥブナ合同原子核研究所から、研究所のあるモスクワ州にちなんで、モスコウィニウムが提案されました。2011年に国際純正・応用化学連合（IUPAC）は、アメリカのローレンス・リバモア国立研究所にちなんだリバモリウムを提案し、2012年に新元素の正式な名前として発表しました。

元素記号 Ts テネシン Tennessin 原子番号 117

ロシアのドゥブナ合同原子核研究所のフレロフ核反応研究所で、ロシアとアメリカの合同研究グループは2009年にカルシウムをバークリウムに当て、117番元素を合成したと発表しました。7か月間に6原子を合成しました。

2014年にはドイツ重イオン研究所でも117番元素が4原子合成されました。

117番元素は周期表のアスタチンの真下にあり、ハロゲン元素と推定されています。

アメリカのオークリッジ国立研究所をはじめ、テネシー大学、ヴァンダービルト大学のあるテネシー州にちなんで2016年にテネシンと名づけられました。

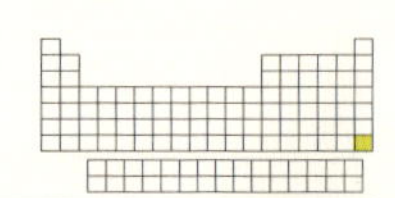

元素記号 **Og**

オガネソン Oganesson

原子番号 **118**

ロシアのドゥブナ合同原子核研究所の研究グループは、2002年にカルシウムをカリホルニウムに当て、118番元素の合成に成功しました。2006年に、ドゥブナ合同原子核研究所とアメリカのローレンス・リバモア研究所の合同研究グループはさらに4原子を合成しました。118番元素は、周期表のラドンの真下にあり、貴ガス元素と推定されています。

超アクチノイド元素の研究に貢献したロシアのフレロフ核反応研究所の主導的研究者であり核物理学者のユーリー・オガネシアンにちなみ、2016年末にオガネソンと名づけられました。

元素発見の歴史と周期表9

元素発見と鉱物の名前

鉱物の名前は、発見された鉱物が新しいものであると認められると、国際鉱物学連合で決定されます。鉱物が発見された地名や鉱物学の発展に貢献した人の名前、最初に鉱物を採取した人の名前、鉱物の形や色などから決めることが多いです。また、科学や芸術、音楽などの発展に貢献した人びとの名前をつけた鉱物もあります。

元素を発見した人の名前にちなんで名づけられた鉱物がいくつか知られています。代表的な鉱物を表にまとめました。自然界からはじめて放射性元素を発見したキュリー夫妻は、2つの鉱物にその名を残しました。文豪ゲーテや音楽家のモーツァルトの名前が、それぞれゲーテ石またはゲーテ鉱（Goethite）やモーツァルト石（Mozartite）と名づけられた例も知られています。

表　元素の発見者の名前にちなんで名づけられた代表的な鉱物

鉱物（日本語名）	鉱物（英語名）	元素の発見者	発見した元素（原子番号）
アルベゾン閃石	Arfredsonite	H. A. アルフェドソン	リチウム（3）
灰重石	Sheelite	C. W. シェーレ	酸素（8）
モアッソナイト	Moissonaite	H. モアッサン	フッ素（9）
亜鉛スピネル	Gahnite	Y. G. ガーン	マンガン（25）
ガドリン石	Gadolinite	Y. ガドリン	イットリウム（イットリア）（39）
珪灰石	Wollastonite	W. ウォラストン	ロジウム（45）・パラジウム（46）
輝銀銅鉱	Stromeyerite	F. ストロマイヤー	カドミウム（48）
クレーベ石	Cleveite	P. T. クレーベ	ホルミウム（67）・ツリウム（69）
砒四面銅鉱	Tennantite	S. テナント	オスミウム（76）・イリジウム（77）
クルックス鉱	Crookesite	W. クルックス	タリウム（81）
キュリー石	Curite	P. キュリー	ポロニウム（84）・ラジウム（88）
スクロドウスカ石	Sklodowskite	M. キュリー	ポロニウム（84）・ラジウム（88）

人類の夢――元素は合成できる

錬金術が試みた元素の変換は、元素の性質や内部の構造が詳しくわかってくると、不可能なことだと思われるようになりました。しかし、1910年にラザフォードらがアルファ粒子を窒素に衝突させて酸素原子を得ることに成功すると、人類の元素変換・合成への夢は再びかき立てられることになりました。

人工元素の合成

1930年にローレンスとリビングストンによりサイクロトロンが発明されると、人工核変換の時代はスピードに乗り、テクネチウムなど人工の元素をつくりだせるようになりました。天然に存在しない元素の合成が可能になったのです。こうして、ウランよりも原子番号の大きい「超ウラン元素」がつぎつぎと合成されるようになりました。

新元素競争

アメリカ、ロシア、ドイツ、フランスの国々は、国をあげて新元素の合成を競いあいました。とりわけプルトニウム、アメリシウム、アインスタイニウムなど9元素を合成したアメリカのシーボーグの記録は破られることはなさそうです。

現在、周期表には118個の元素名があげられています。113番元素は日本でつくられ、2016年にニホニウムと名づけられました。新元素はどこまで合成が可能なのでしょうか?

フィンランドのピッコは、理論計算により172番元素まで合成ができるのではと予測しています。原子核のなかに存在する陽子と中性子の数の組合せによって原子核が安定となる領域があらわれると考えられているからです。それらの数は魔法数とよばれ、2、8、20、28、50、82、126などが知られています。この予測が的中し、新元素が合成できれば、人類はさらに新しい考え方を得ることができるかもしれません。

◆ 宮沢賢治年表 ◆

西暦（年）	元号（年）	年齢（歳）	宮沢賢治	代表的作品	できごと
1896	明治29	誕生	8月27日岩手県稗貫郡里川口村川口町		6月19日明治三陸地震
1898	31	2	妹トシ誕生		
1903	36	7	花巻川口尋常高等小学校入学		前年の凶作で飢饉
1905	38	9	担任の八木英三に『家なき子』や『海に塩のあるわけ』などを読み聞かされる		東北地方大凶作・アインシュタイン「相対性理論」発表
1906	39	10	鉱物・植物採集に熱中・「石っこ賢さん」		大凶作
1909	42	13	3月小学校卒業・4月盛岡中学校入学・寮生活をはじめる・鉱物採集		
1910	43	14	石川啄木の歌集『一握の砂』に感動		
1912	45	16	『歎異抄』に感動	短歌の制作	花巻に電灯・タイタニック号沈没
1913	大正2	17	寮を出て下宿・5月北海道旅行		岩手県大凶作
1914	3	18	3月中学校卒業・家業の店番・入院『漢和対照妙法蓮華経』に感動	短歌の制作 短歌「検温器の」ほか	第一次世界大戦はじまる「一般相対性理論」発表
1915	4	19	盛岡高等農林学校入学・『化學本論』で学ぶ・関豊太郎教授に学ぶ		岩手軽便鉄道開通
1917	6	21	7月友人と「アザリア」創刊	短歌「みふゆのひのき」ほか	ロシア革命
1918	7	22	3月盛岡高等農林学校卒業・研究科入学 地質調査や土壌、鉱物の分析	得業論文「腐植質中ノ無機成分ノ植物ニ対スル価値」童話「双子の星」	盛岡と東京に電話開通
1919	8	23	妹トシ発病で上京・3月退院したトシと帰郷・『月に吠える』に感動		第一次世界大戦おわる
1920	9	24	5月研究科修了・11月国柱会入会	短編「ラジュウムの雁」「猫」	
1921	10	25	1月東京へ家出・8月トシ発病で帰郷 12月郡立稗貫農学校の教諭に就任	童話「雪渡り」「どんぐりと山猫」「注文の多い料理店」「よだかの星」	アインシュタイン来日
1922	11	26	11月27日トシ死去・レコード収集	詩「真空溶媒」「小岩井農場」「永訣の朝」「無声慟哭」童話「水仙月の四日」	
1923	12	27	4月岩手県立花巻農学校へ校名変更・8月樺太旅行	詩「東岩手火山」「オホーツク挽歌」「青森挽歌」「津軽海峡」童話「やまなし」「ひかりの素足」「イギリス海岸」	関東大震災
1924	13	28	生徒らと北海道旅行	『春と修羅』『注文の多い料理店』出版	干ばつ
1925	14	29	詩人草野心平を知る オオバタクルミの化石発見	「銅羅」に詩2編発表「春と修羅　第二集」	普通選挙法・治安維持法成立・ラジオ放送はじまる
1926	15	30	3月農学校依願退職・4月羅須地人協会 レコードコンサート・肥料相談	「農民芸術概論」童話「オツベルと象」「猫の事務所」	干ばつ・水害
1927	昭和2	31	肥料設計・稲作指導	童話「ポラーノの広場」	金融恐慌・山東出兵
1928	3	32	8月過労で発病・協会の活動休止	詩「氷質の冗談」「高架線」「神田の夜」	干ばつ・最初の総選挙
1931	6	35	1月東北砕石工場技師就任・炭酸石灰販売のため上京し発病・帰郷し療養生活	遺書書く・詩「雨ニモマケズ」	豊作
1932	7	36	病床で採石工場・肥料相談に応じる・菜食主義で衰弱	童話「グスコーブドリの伝記」	満州国建国
1933	8	37	9月急性肺炎発病・9月21日死去	童話「朝に就いての童話的構図」	3月3日昭和三陸地震・豊作

◆ 参考文献 ◆

1　作品集・事典関係

宮沢賢治、『校本 宮澤賢治全集 全 14 巻』、筑摩書房（1973-1977）
宮沢賢治、宮沢清六・天澤退二郎 編、『新校本 宮澤賢治全集 全 16 巻 別巻 1』、筑摩書房（1995-2009）
宮沢賢治、『宮沢賢治全集　全 10 巻』、ちくま文庫、筑摩書房（1986-1995）
加藤碩一、『宮澤賢治地学用語辞典』、愛智出版（2011）
原 子朗、『定本 宮澤賢治語彙辞典』、筑摩書房（2013）

2　評伝関係

草野心平 編、『宮澤賢治研究』、筑摩書房（1958）
草野心平、『宮沢賢治覚書』、講談社（1991）
宮沢清六、『兄のトランク』、ちくま文庫、筑摩書房（1991）
堀尾青史、『年譜 宮沢賢治伝』、中公文庫、中央公論新社（1991）
関 登久也、『新装版 宮沢賢治物語』、学習研究社（1995）
吉本隆明、『宮沢賢治』、ちくま学芸文庫、筑摩書房（1996）
宮澤和樹、『宮澤賢治 魂の言葉』、KK ロングセラーズ（2011）
吉本隆明、『宮沢賢治の世界』、筑摩書房（2012）
今野 勉、『宮沢賢治の真実　修羅を生きた詩人』、新潮社（2017）

3　化学・元素・鉱物・科学関係

近藤清次郎、『中等化學本論講義』、東京高岡書店（1909）
片山正夫、『化學本論』、内田老鶴圃（1915）
板谷英紀、『賢治博物誌』、れんが書房新社（1979）
斎藤一夫、『元素の話』、培風館（1982）
板谷英紀、『宮沢賢治と化学』、裳華房（1988）
M. R. ウィークス・H. M. レスター、大沼正則 監訳、『元素発見の歴史 1 ～ 3』、朝倉書店（1988-1990）
筏 英之、『百万人の化学史 「原子」神話から実体へ』、アグネ承風社（1989）
板谷栄城、『宮沢賢治の宝石箱』、朝日文庫（1991）
久保謙一、『現代物理学の世界　フロンティアを拓いた人びと』、岩波ジュニア新書、岩波書店（1998）
板倉聖宣、『原子論の歴史　（上）誕生・勝利・追放、（下）復活・確立』、仮説社（2004）
堀 秀道、『宮沢賢治はなぜ石が好きになったか』、どうぶつ社（2006）
E. R. Scerri, “The Periodic Table, Its story and its significance,” Oxford University Press（2006）
加藤碩一、『宮澤賢治の地的世界』、愛智出版（2007）
サム・キーン、松井信彦 訳、『スプーンと元素周期表「最も簡潔な人類史」への手引』、早川書房（2011）
北出幸男、『宮沢賢治と天然石』、青弓社（2010）
斎藤文一、『科学者としての宮沢賢治』、平凡社（2010）
加藤碩一・青木正博、『賢治と鉱物』、工作舎（2011）
桜井 弘 編著、『元素検定』、化学同人（2011）
堀 秀道、『鉱物 人と文化をめぐる物語』、ちくま学芸文庫、筑摩書房（2017）
M. E. Back, “Fleischer's glossary of mineral species,” 11th ed., Mineralogical Record Incorporated（2014）
桜井 弘 編、『元素 118 の新知識』、ブルーバックス、講談社（2017）
ヒュー・オールダシー・ウィリアムズ、安部恵子・鍛原多恵子・田淵健太・松井信彦 訳、『元素をめぐる美と驚き 周期表に秘められた物語』、早川書房（2012）
柴山元彦、『宮沢賢治の地学教室』、創元社（2017）

4　論　文

桜井 弘、元素で彩られた宮沢賢治の世界―作品のなかで元素を多用した原点を探る、化学、**68**（7）、17（2013）
桜井 弘、宮沢賢治の元素知識の謎に迫る―もう一つの『化學本論』の存在、化学、**69**（4）、20（2014）
桜井 弘、宮沢賢治は化学とどう向きあったか？―作品から読み取る賢治の化学観、化学、**70**（2）、52（2015）

【な・は】

【ま・や・ら・わ】

◆作品別さくいん◆

【あ】

【か】

【さ】

【た】

【な】

【は】

【ま】

【や・ら・わ】

元素別さくいん

宮沢賢治が作品で用いた元素はゴチック体で示した。また、元素について解説されているページ数は太字で示してある。

【た】

【な・は】

【ま・や】

【ら】

◆ 鉱物別さくいん ◆

【あ】

【か】

【さ】

著者紹介

【著者】桜井 弘（さくらい　ひろむ）

1942年京都市生まれ。1971年京都大学大学院薬学研究科博士課程修了。薬学博士。京都薬科大学名誉教授。専門は生命錯体化学、生命元素学、代謝分析学。

桜井 弘 編、『元素118の新知識』、講談社（2017）、桜井 弘 編著、『元素検定』、化学同人（2011）、桜井 弘、『金属なしでは生きられない』、岩波書店（2006）など、元素にまつわる数多くの編著書がある。

【写真協力】豊 遙秋（ぶんの　みちあき）

1942年東京都生まれ。東京大学大学院理学系研究科博士課程中退。理学博士。産業技術総合研究所 地質標本館 元館長。地質標本館をはじめ、東京大学、京都大学、秋田大学等の博物館所蔵の鉱物標本のデータベース化をすすめる。専門は鉱物学、鉱床学。多数の貴重な鉱物コレクションをもつ。著書に豊 遙秋・青木正博、『検索入門　鉱物岩石』、保育社（1996）など。

宮沢賢治の元素図鑑——作品を彩る元素と鉱物

2018年6月10日　第1版　第1刷　発行

著　者　桜　井　　弘
発行者　曽　根　良　介
発行所　（株）化学同人

検印廃止

〒600-8074　京都市下京区仏光寺通柳馬場西入ル
編集部　TEL　075-352-3711　FAX　075-352-0371
営業部　TEL　075-352-3373　FAX　075-351-8301
振　替　01010-7-5702
E-mail　webmaster@kagakudojin.co.jp
URL　https://www.kagakudojin.co.jp
印刷・製本（株）シナノパブリッシングプレス

ISBN978-4-7598-1966-3